植物的秘密

约翰·梅勒·库尔特　著

强成根　译

天津出版传媒集团

天津科学技术出版社

图书在版编目(CIP)数据

植物的秘密 /(美)约翰·梅勒·库尔特著;强成
根译. -- 天津：天津科学技术出版社，2019.10
　　ISBN 978-7-5576-6042-0

　　Ⅰ. ①植… Ⅱ. ①约… ②强… Ⅲ. ①植物—普及读
物 Ⅳ. ①Q94-49

　　中国版本图书馆 CIP 数据核字(2019)第 074001 号

植物的秘密
ZHIWU DE MIMI
责任编辑:陶　雨

出版: 天津出版传媒集团
　　　天津科学技术出版社
地址:天津市西康路 35 号
邮编:300051
电话:(022) 23332400
网址:www.tjkjcbs.com.cn
发行:新华书店经销
印刷:三河市华晨印务有限公司

开本　700×960　1/16　印张　17　字数　135 000
2019 年 10 月第 1 版第 1 次印刷
定价:49.80 元

如对本书有意见和建议或本书有印装问题,请致电 010—50976448

前　言

目前，一些学校不能开展《植物的关系》和《植物的结构》中列出的植物生态学和形态学的课程，应这些学校热切恳请，而编撰本书；并且这些学校期望能够同时兼顾植物生态学和形态学两方面。为了满足这些需求，对这两本书涉及的关键部分进行选择和结合，另外加上一些新内容来保证逻辑的连续性和一定的完整性，将这些内容组织进本书，命名为《植物的秘密》。

本书大致分为两部分，前十四章主要关于植物生态学，展示《植物的关系》(*Plant Relations*)中的要点。后十一章主要涉及形态学，以更加简单的形式展示《植物的结构》(*Plant Structures*)中的内容。尽管作者认为对于初级指导来说，本书两部分内容排序比较合理，但是并不强求老师们同意这一观点，而是应当采用适用于自己情况和教学的顺序。因此很多老师可能会更倾向于从第十五章开始，随后再返回到前面的章节；或者将本书的两部分分支更加紧密地糅合起来进行教学，效果可能会更好。

无论如何，本书不是用于实验指导，也不是仅仅用于强记硬背，而是联系实验室和野外观察进行阅读和学习。本书的目的是以连贯、可读性强的方式展示植物学的一些基本内容。然而，如果本书在学校除了用于教学以外，不能发挥其他的用途的话，就未能达成本书的目的。对于涉及的大量观察的宏观主题，由于本书过于简短，仅供参考。

本书致力作为以下三类重要方面的补充材料：①教师，需要扩充并且引出每个要点；②实验室，需要带领学生亲身观察植物及其结构；③野外工作，必须将在实验室观察到的现象与自然中的实际情况相联系，并且必须注意在别处所观察不到的新现象。综合从这三种因素所得到的结果，本书试图对它们进行整理并提出解释。主要通过以下两点：①清晰精炼的文字描述；②文中的插图，需要同正文内容一样仔细地学习，因为插画的重要程度仅次于实物。尤其是涉及风景地貌的插图，其中很多是无法实际去亲身经历的。

在此要感谢植物学院的各个成员为准备和选择插画所做出的贡献。前十四章的插图由亨利·C·考尔斯博士（Dr. Henry C. Cowles）进行总体指导，其余的章节由奥蒂斯·W·考德韦尔博士（Dr. Otis W. Caldwell）指导。在本项工作中，考德韦尔博士得到了 S·M·库尔特（S. M. Coulter）、B·A·戈德贝格（B. A. Goldberger）、J·G·兰德（J. G. Land）和 A·C·摩尔（A. C. Moore）的大力帮助。同时也要衷心感谢 W·J·比尔博士（Dr. W. J. Beal），他的《种子传播》（*Seed Dispersal*）为本书提供了部分插画；以及乔治·F. 阿特金森教授（George F. Atkinson），其附有精美插画的《基础植物学》（*Elementary Botany*）提供了同样的帮助。以上作者的作品都是经过允许后使用。来自肯纳（Kerner）、申佩尔（Schimper）及其他作者的精美插画也都是经过允许后使用的。

约翰·M·库尔特

1900 年 6 月于芝加哥大学

目 录 *contents*

第一章　引　言

    1. 普遍关系——植物构成了地球表面的自然覆盖层。所以当一块地表没有植物时，就会格外显眼。植物不仅覆盖了陆地，也遍布于水中，不论淡水还是盐水。从参天大树到用显微镜才能发现的微小植物，它们的体型变化巨大。在形态上也极具变化，这从树类、百合花类、蕨类、藓类、蕈类、地衣类以及水中的藻类的区别中可见一斑。

    2. 植物群落——关于植物一个最显而易见的现象是，植物不会形成单调的地表覆盖层，而是有森林、灌木丛、沼泽湿地等。植被的类型表现出很大的变异，每种类型都体现出不同的生存环境。生活在同一环境下的所有植物被称为植物群落，如树与森林中的其他植物，或草与草原上其他的植物。这些群落类型会随着生存环境的变化而变化，但是每种群落都有其特定的格局，只容纳特定的植物而排斥其他植物。植物学领域的首要工作就是研究植物群落从而确定它们的生存环境。

    3. 植物生命——因为覆盖在地球表层的植物都是有生命的，在研究工作中必须始终要将植物作为生命体考虑。在进行群落研究之前，我们必须要探究植物个体在通常情况下是怎样生活的。植物和动物一样充满活力，仅以生命来看的话，二者的生活方式非常相似。

一定不要认为动物可以运动而植物不可以,尽管能在空间运动的动物要多于植物,然而有部分植物也有运动能力,同时那些<u>不能</u>运动的植物上的某些特定部位也有这种能力。我们对动物了解得越多,就有越多的证据显示,不论动物还是植物,它们的生命过程都是相似的。事实上,自然界中还存在一些特殊的生物,我们不能确定将其归为动物还是植物。

4. 植物躯体——每种植物都有躯体,有些植物的躯体可能完全相同,或者是由一些不同的部位组成。当观察在淡水中常见的绿藻时,会发现它只是简单的线型结构,而没有任何特殊的结构;但百合花却由很多不同的部位组成,如根、茎、叶和花(见图 4.31、图 9.1、图 12.3、图 13.2),没有这些特殊结构的植物称为低等植物,有这些结构的称为高等植物。就生存而言,低等植物和高等植物一样,有着相同的生活方式,行使着相同的生命功能。不同的是低等植物全身都行使着同种功能;而在高等植物中,不同的功能是由不同部位完成的,由于不同的结构适用于不同的功能,因此不同的部位看起来也不相同,以叶和根为例,二者就是不同的部位,起到不同的功能。

5. 植物器官——植物躯体由于特殊用途而分开的不同部位称为器官。因此,低等植物没有明显的器官,而高等植物可能有多种器官。植物结构的复杂程度并不是呈两极分化的,而是从最简单的植物形态开始,然后过渡到不那么简单的植物,然后再进化到略为复杂的植物,结构复杂的程度逐渐递增,直到最复杂形式的植物。从简单到复杂的这一过程被称为分化,简单来说就是将植物身体的不同部位分离出来行使不同的功能。这样对植物的优势就好比于原始部落和文明社会的不同。所有的原始人都干着相同的事,并且每个原始人都需要做全部的事情。在文明社会中,不同的成员被分为农民、面包师、裁缝、屠夫等。这就是所谓的"劳动分工",其最大的优势在于能够更好地完成每一项工作。植物中器官的分化对于植物来说就是社会中劳动力的分工,这样能够更多、更好地完成工作,还能够产生新的功能。低等植物就类似于原始部落,高等植物类似于文明社会。然而,必须要理解的是,对于植物来说,分化是指每个器官而不是每个个体。

6. 植物功能——不论植物拥有多少器官,都应该记住所有器官都是在运转着的,都要进行相同的基本功能。不论是高等植物还是低等植物,都必须要完成两件事:①自身的需求(营养);②产生后代(繁殖)。植物通过各种功能来实现营养的任务,对于繁殖同样也是如此。然而,营养和繁殖是两项基本的任务,有趣的是,低等植物在分化时首先要做的是将身体分为营养部分和繁殖部分。高等植物中分为营养器官和生殖器官,这样就意味着高等植物有独立的器官专门用于营养功能,有其他的器官专门用于繁殖功能。不同种类的工作应当称为“功能”,每个器官都有一项或多项功能。

7. 生命关系——植物的营养和繁殖任务非常依赖其所处的环境。植物必须从外界吸收物质并排出废物;同时植物必须使其后代生活在更适宜的环境。因此,植物的每个器官都与其外界的事物建立起明确的关系,也就是我们所说的“生命关系”。例如,绿叶明显与光联系在一起,很多根与土壤相联系,某些植物与水紧密联系,一些植物与其他植物或动物(作为寄生者)建立联系等。所以,有多个器官的植物可能拥有众多的生命关系,对于这样的植物,要将各个部位调整到适合它们的必要联系,是一个比较复杂的问题。生态学作为植物学的一个分支,主要研究植物的生命关系,向我们展示了植物生命中很多非常重要的问题。

由于存在大量不同的影响因素,我们不能仅认为任何植物或器官只有一项非常简单的生命关系。以根为例,根会受到光、重力、湿度、土壤物质、接触等外界因素的影响。因此,每个植物器官必须要适应一系列非常复杂的生命关系,多器官植物需要完成大量的精细调控,因而目前我们不能解释,为什么植物所有的部位正好置于其所处的位置。在植物研究的起始阶段,只能考虑植物一些突出的功能及与生命相关的功能。因此,我们最好先从植物的单个器官开始学习,然后将这些整合在一起,进而来研究整体。

第二章　营养叶：光关系

8. 定义——营养叶就是普通的绿叶,是与植物营养功能相关的重要器官。但不要认为没有叶片的绿色植物不能完成叶片的功能,例如水藻。叶片只是为了更好地完成这一任务而分化出的器官。因此在研究叶片的功能时,我们要将特定的功能更加明显地区分开,以避免与其他功能相混淆。出于这个原因,我们选择叶片来介绍一些植物的重要功能,但是要注意的是,植物并不一定需要叶片来完成这些任务,只是叶片能够提高完成的效率。

9. 位置——我们很容易观察到营养叶只生长在茎上,而茎一般会暴露于光照下;这样,这种叶片是在空气中而不是在地下的(见图2.1、图4.31、图13.7)。很多茎生长在地下,这种茎不会生长叶片,大多数的蕨类或其他植物在早春的时候也不会将营养叶伸出地表(见图4.1、图4.2、图9.1)。

10. 颜色——另一个能被观察到的现象就是营养叶的绿色特征,这一颜色过于突出,以至于人们经常将绿色与植物联系在一起,尤其是有叶片的植物。在黑暗中生长的植物叶片,以及在地窖中发芽的土豆,则不会显现这种颜色,显然这种绿色与光有着某种必然的联系。尽管植物已经有了绿色,但在避光处理后叶片又会失去绿色,就

如同芹菜黄化的过程，以及草被覆盖住一段时间后颜色的变化。这样看来，营养叶中的绿色很明显是依赖于光而存在的。

我们将与营养叶生命相关的这种关系归纳为光的关系。这似乎很好解释叶片为什么不像很多茎和根那样生长在地下了，并且生长这种叶片的植物不会生长在像洞穴一类的黑暗环境中。有同样的绿色部位的植物，具有相同的光关系，在植物的其他部位以及没有叶片的植物中同样也能观察到这种现象，唯一的不同是叶片能够明显地表现出这一特征。另一个得出绿色与光相联系的证据是绿色只存在于植物的表面区域。如果将鲜嫩的树枝或者仙人掌横切，就会发现绿色只在截面的外围部分。由此我们可以得出结论，叶片是与光存在关系的特殊器官。在某些植物生长的环境下，生长叶片或至少是生长出大叶片将不利于它们生存。在这种情况下，叶片的功能可以由茎来承担。一个显著的例子就是仙人掌，仙人掌没有营养叶，但是茎会表现出绿色。

11. 伸展的器官——另外一个普遍的现象就是，在大部分情况下，营养叶的叶片都是伸展开的。与聚拢在一起相比，伸展的叶片意味着能够有更大的表面积。由于这种形式非常常见，我们可以有把握地推断这与叶片的功能有一定的关系，并且这种功能需要器官表面的展开而不是厚度。但是认为一片有活力的叶片能够完成的工作量与展开的表面积部分相关就另当别论了。

光的关系

12. 普遍关系——一般营养叶的位置或多或少呈水平方向。这样能够使阳光直射到叶片的上表面。相比于倾斜或者竖立着，叶表面能够接收到更多的阳光。通常人们认为叶片的方向正好使表面处于阳光直射的合适角度。对于水平方向的叶片来说，一般情况下可能确实如此，植物几乎都会表现出这种非常普遍的状态，然而这也存在很多例外(见图 2.1)。叶片必须处于合适的位置来促进其功能,但是光照过强会破坏植物体中的绿色物质(叶绿素),其中叶绿素是叶片行使功能的基础物质。因此,接收合适的光的强度是一项精细的工作。因为一些叶片处于阴暗的位置,尽管是同一株植物上的叶片,在受到过强光照射时造成的危害也不尽相同。叶片也可以利用它们的结构而不是通过改变位置,来保护自身免受过强的光照。因此很明显,除了叶片尽可能多地吸收阳光而不受到伤害这一准则以外,叶片保持与光联系的位置与很多环境因素相关,其生长朝向没有统一的标准。

图 2.1 这棵植物(榕属)的大部分叶片基本呈水平,但是可以看到下层叶片直接朝下,并且随着茎的上升,叶片更接近于水平。同时也可以看到,叶片非常宽阔,在竖直方向几乎没有重叠。

13.固定的朝向——不同叶片随着光照方向调节朝向的能力不同。大部分叶片一旦完全成熟后,不论所处的朝向会有多不合适,除非被风吹动,他们的朝向就固定并且不能改变了。这种叶片被称为

有"固定的光朝向"。叶片的朝向由叶片生长过程中的光照条件所决定。如果这些条件能够持续下去,就能保证这一环境下的固定朝向就是最适合的。虽然叶片不能吸收白天所有的光照,但是相比其他的条件,其固定的朝向能够保证植物吸收更多阳光。

图 2.2 一种豆科植物叶片在白天和晚上叶片的位置。

14. 运动型叶片——有一些叶片没有固定的接收光照的朝向,它们的构造可以使自身随着光的方向改变位置。这一类的叶片在下午和上午所处的位置会有所不同,并且在夜间的位置可能也会产生改变(见图 2.2、图 2.3a、图 2.3b、图 2.4)。一些常见的室内盆栽植物都有这种特点。例如普通的酢浆草的叶片在黑暗环境下的位置与光照下的位置有明显的不同。如果在阳光照射下的窗台上,种植着一盆这类植物,先记住它的叶片位置,然后将花盆转半圈,使植物的另一面朝向阳光,可以观察到叶片逐渐调整自身,进而改变其与光的位置关系。

图 2.3a 紫荆花叶片在白天的位置。

图 2.3b 紫荆花叶片在夜晚的位置。

15. 指向植物——在某些植物中存在一种令人惊奇的特殊光姿态,这类植物就是指向性植物。这种植物中最广为人知的就是松香草。松香草生长在草原环境中,叶片在强烈的光照下会侧面朝上。中午时,叶面可以避开强光;早晨和傍晚,叶面又可以直接面对不那么强烈的光(见图13.3)。因而叶尖部一般会朝着南方或者北方。有一个很明显的现象就是,生长在阴暗环境下这类植物的叶片不需要采取这种朝向。因此,很明显这类叶片的朝向与避免强光照射造成伤害有一定的关系。对于叶片的朝向,一定不能认为可以精确地指向北方或南方。松香草最普遍的可能就是叶片指着北方或南方;但是一种常见的杂草——刺莴苣,也是一种明显的指向植物,通常认为其叶片侧面朝上,没有使叶尖特定地朝北或朝南(见图2.5)。

图2.4 显示指向叶片的两棵植物。左边植物的叶片都呈展开状态,右边植物的叶片则是折叠并下垂着。

16. 向光性——叶片以及其他器官应对光照的能力被称为向光性,光照是植物器官应对外部环境最重要的一个因素(见图2.6、图3.21)。

需要明确的一点是,这只是对营养叶和光之间最明显关系的初步了解,向光性起到的作用是植物生理方面最重要且广泛的主题,其不仅与叶片相联系,还与植物器官相联系。

图 2.5　普通的莴苣（刺莴苣），它的叶子排列成一条直线，在南北两个平面上。

图 2.6　这些植物生长在靠近窗户的地方。人们会注意到茎秆向光线弯曲，叶子也朝向光线。

叶片之间的关系

直立茎

根据前面阐述的观点，可能会使人认为营养叶在茎上的姿态，以及叶片之间的关系，一定在某种程度上由有利的光姿态所决定。很明显，直立茎和水平茎所应对的环境条件并不相同。

17. 纵向的宽度与数量的关系——在竖直的茎干上能观察到叶片一般在纵向方向上分布的数目是固定的。这样利于植物避免叶片之间遮盖。因此,叶片越窄,垂直方向的茎节数也就越多(见图2.7、图2.8);反之,叶片越宽,茎节越少(见图2.1)。所以,叶片的宽度与茎节数存在一定的关系。当考虑到光关系时,这种关系就更明显了。

图2.7 复活节百合,叶片窄而茎节多。

18. 同一列叶片长度与相互之间距离的关系——叶片在纵向上可能紧密相连,也可能相距很远。如果叶片相距很近的同时叶片也很长的话,叶片之间会形成遮蔽,光线不能穿透叶片到达下层叶片表面。因此,叶片在垂直方向相距越近,叶片会越短;节间距离越小,叶片越短;节间距离越大,叶片也会越长。即使叶片在茎干上距离很近,较短的叶片也能够使阳光穿过它们;而长叶片只有当它们距离较远时才能允许阳光穿过。因此,我们可以观察到同一列叶片的长度与距离呈反比。

对于叶片的宽度也能观察到相同的关系,因为不仅是较短的叶片,较窄的叶片也可以相距很近。因此可以得出结论:叶片的长度和宽度,主茎的节数,以及所有节间叶片的距离都与光相关,并且这些是应对遮蔽问题的方法。

图 2.8　龙血树，叶片窄而向各个方向扩展，多节。

19. 下层叶柄的伸长——对于那些宽大且在茎干上相距很近的叶片，还存在其他维持光关系的方式。这种情况下，下层叶片的叶柄相比于上层变得更长，从而能够将叶面从阴影中伸出（见图 2.9）。我们平时可能也会注意到，即使在茎干上并不紧挨着的叶片，一般最下部的叶片是最大且叶柄是最长的。

千万不要认为凭借这些机制能够绝对地避免遮蔽的影响。这一般是不可能或者有时候是不必要的。通过这些排布只是为了避免过多的遮蔽来寻求最合适的光关系。

图 2.9　非洲紫罗兰下部叶柄延长，将叶面从上部叶片的阴影中伸出。

20. 叶片朝向——除了所观察到的叶片在茎上的姿态外，叶片的朝向也会影响光关系。常见的是，在植物的基部或者接近基部的位置有成簇的相对较大的叶片，然而叶片之间也不会相互遮盖，并且随着茎干上的叶片逐渐变小，叶片逐渐偏离茎的水平方向（见图 2.10、

图 2.13),普通的荠菜和毛蕊花便是如此。通过这种排布方式,所有的叶片都能充分接收阳光。

图 2.10　拟石莲花属植物叶片肉质,基部叶片大而朝水平方向,其他的叶片随着茎升高变得小且朝上。

21. 莲座习性——叶片在茎基部成簇生长的特征称为莲座习性。这种莲座状的叶片一般生长在基部,经常平铺在地上或者石头上,一些植物中仅有的叶片也是如此。很明显莲座状叶片之间会有或多或少的重叠,这不利于光的接收。因此除光关系以外,必须有其他东西加以补充(见图 2.11、图 2.12、图 2.13)。这将会在后面介绍,但是尽管处于相对不利的光分配的条件下,仍然可以观察到植物为了尽可能获得更多的光所做出的明显调整。叶簇最下层的叶片最长,而上层(或者说内部)的叶片逐级变短,这样所有的叶片至少都有部分会被阳光照射到。基部叶片重叠的部分并不像叶顶端那样扩展开,因此这种叶片大部分都是前宽后窄。为了能使叶面暴露在阳光下,有时叶片在基部会缩窄,使得被遮盖的部分只是叶柄部分。

在很多植物中不会形成紧密的莲座丛,从上往下看叶片能够观察到一般莲座丛的结构(图 2.9)。如在一些毛茛科植物生长前期,植株非常矮,下层叶片长度相比上层要长,所以可以从阴暗处伸出,否则叶片之间会存在严重的遮蔽。

图 2.11 一组景天科植物,表现出叶丛生习性和光关系。从叶丛中可以观察到叶片是怎样连接到一起并且向内逐渐变小的,从而避免过多的遮蔽。叶片被遮盖的部位变窄而暴露在阳光下的部位最宽阔。后面的植物叶片表现出完全竖直列的形式。

图 2.12 两簇石莲花(长生草属)的叶丛,左边是在冬天时紧凑的状态,右边的叶丛是在室内放置几天后变得较为松散的状态。

22. 叶分裂——营养叶与光关系相联系且值得注意的另一项特征:一些植物叶片并不是完整的,而是分裂甚至分解成分离的部分,这种从叶片中明显分离出来的部分称为小叶。叶片上这种分裂也是一个渐变的过程,从独立的小叶到浅裂状叶,到边缘锯齿状叶,最后到完整的叶片。叶片形状上的这种差异,除了影响到光关系以外,可能还有更重要的作用,但是联系到光关系时可以观察到其显著的作用。在那些叶片没有分割开的植物中,要么朝着茎顶端,叶片逐渐变小,要么低层的叶片长出较长的叶柄。在这种情况下,植物的整体形态一般呈圆锥形,这种形态在叶片完整或近乎完整的草本植物中非常常见。然而在那些叶面分裂成小叶的植物中(叶片由分离的小叶组成),尽管也会经常出现叶片朝着茎顶端逐渐变小的例子,但是这对于这些植物并不必要。当宽大的叶片分割成小叶时,由于光能穿过上层叶片照射到下层的叶片,就大大减少了遮蔽的危害。下层的叶片上可能光影斑驳,但是在白天过程中,随着光斑的移动,大部分叶片都能接受到阳光的照射(见图2.14)。因此,一般这类植物并不呈圆锥形,而是表现为圆柱形(见图2.4、图2.15、图2.16、图2.22、图4.1、图4.39、图5.13、图12.3、图13.7、图13.11中的叶分裂植物)。

　　还有很多其他因素影响直立茎干上营养叶的光关系,但是那些已经给出的因素能提供观察的方向,并且能够说明植物根据光照排布叶片依赖于很多条件,且绝不是固定的统一条件。对于那些善于观察的研究者来说,参照这一关系有助于研究任何生长中的植物。

图2.13　风铃草的叶呈莲座丛分布。下层叶柄依次伸长,将各自的叶片从上层叶片的阴影中伸出。

图2.14　这组叶片展示出分叉叶是如何相互交错而又不会产生遮蔽的。可以看到,较大的叶片或者少分叉的叶片倾向生长于下部。

图 2.15 一棵叶片严重分叉的植物,这种现象通常发生在有大量叶片而不会将相互之间的光照阻断的情况下。

图 2.16 苏铁,叶片多分叉,掌状叶。

水平茎

23. 在植物中形成的众多分枝中可以发现很多水平茎的例子,茎的一侧暴露在光照下,匍匐在地表或者依靠在支撑物上生长,如常青藤。唯一需要注意的是,竖直茎上的叶片如何调整以接收光,再到茎弯曲成水平位置或依靠支撑物,从而意识到相同的策略会带来何种不利的结果,以及要执行多少新的调整。所有的叶面必须尽可能地分布在茎的阳面,茎下层的叶面必须适应上层叶片剩余的空间。这可能会引起茎和叶柄的扭曲、叶面的弯曲及叶柄的伸长,或是其他的变形方式。我们可以观察到每个水平茎在对叶片进行调整时,都有其特殊的状况(见图 2.18、图 4.6)。

有些情况下,没有足够的空间供叶片充分生长,较小的叶片适合于较大叶片留下的缝隙(见图 2.21)。这样有时候会产生所谓的"不对称叶",相对的叶片大小不一。一些藤蔓植物叶片之间相互配合可能是最完善的,其普通叶层的叶片相互交错嵌合在一起。事实上,这样的排布方式称为"嵌合分布",涉及叶柄的弯曲、错位、伸长等,从而充分表现出植物为了保证有利的光关系所做的努力(见图 2.19、图 2.22)。一般情况下,树在每个方向都有分枝,从而产生叶片的调整(见图 2.20)。

图 2.17　菊花,叶浅裂,叶柄上升以调整叶面朝光,植株一般呈圆柱形。

图 2.18　赤车属,茎下垂,所有叶面朝光且排布紧凑。

向上观察充满营养叶的树的时候,可以注意到水平枝干相对来说很少处于低处,这样叶面处于较上的位置形成嵌合结构。

铁线蕨属植物(见图 2.22)的树枝表现出小叶朝着光方向做出的显著调整。另外一组蕨类植物——石松类植物——水平枝干上生长着无数非常小的叶片。可以看出这些叶片能够充分利用向阳面的所有的空间(见图 2.21)。

图 2.19 秋海棠嵌合叶片，显示出叶片如何相互适应生长在一起，避免遮蔽。

图 2.20 枫树树枝，叶面的大小和叶片的位置，以及叶柄长度的调整来保证水平茎接收到阳光。

图 2.21 图中显示出两种植物在水平茎上对叶片做出的调整。左边为龙葵属植物，小叶片填充大叶片剩余的空间。右边为卷柏属植物，小叶片分布在茎侧，其余分布于上表面。

图 2.22 铁线蕨叶片的嵌合。

第三章 叶片：功能、结构及保护

植物叶片的功能

24. 一般功能——我们已经知道植物叶片是与光相联系的器官，植物通过调整生长方向来保证这种关系，由此可以看出其重要性。因此，我们推测光对叶片的一些主要功能非常重要。但也不能草率地认为光对叶的所有功能都是必要的，因为光对叶片的一些功能既不会促进也不会阻碍。植物叶片不会限于某一项功能，其中涉及众多的生命进程，都与营养功能相关。在叶片众多的功能中，我们会挑选一些最重要的方面进行讲述。只有将植物与其所有的器官一同进行考虑，才有可能获知其更多的功能，但是一些迹象表明叶片内进行着多个生命进程。

25. 光合作用——我们可以通过一个简单的实验检测植物最重要的这项功能。如果将一棵有生命力的水生植物浸在玻璃容器的水中，并且暴露在光照下，可以观察到从叶片表面产生的气泡在水中逐渐上升（见图 3.1）。在这里，水仅仅让气体呈现出可视化的气泡形式。植物活性越强，产生的气泡也就越多。如果慢慢将放置植物的水箱从光照下移开，就可以证实光与这一功能的关系。随着光照的逐渐消失,气泡的数量逐渐减少,当达到一定的黑暗程度时,植物就会完全停止产生气泡。如果将容器逐渐移回到光下,气泡就会再次出现。随着光照的增强,植物产生的气泡也会越来越多。植物所释放的气体就是氧气,我们可以像普通化学实验中在水里收集气体一样用一根试管收集气泡,然后使用常用的检测方式来证实这是氧气。

通过这个实验,我们可以从中学到一些非常重要的内容。很明显,叶片中进行着某种需要光照并且释放氧气的反应;氧气的释放进一步表明,这一过程处理的物质的含氧量超出其所需的氧气量;氧气释放量可以作为这一功能的衡量指标,产生的氧气越多,进行的反应也就越多;同时,如我们所观察到的,光照越强,产生的氧气越多;没有光照也就没有氧气。因此,光照对于这一功能一定是至关重要的,排出氧气则是这一反应的外部迹象。无论这一反应是什么,其与光有着本质上的联系,暗示着叶片是一个与光相关的器官。如果确实如此的话,由于其决定着叶片的生命关系,这就是一项与叶片生命关系相联系的主导性功能。

这一反应也就是光合反应,从名称就可以看出这一反应在光照条件下与物质的分布有关。这实际上就是营养物质生产的过程,通过这一反应将原料加工成植物养分。这一反应过程极其重要,所有的植物、动物都赖以生存。因此,植物叶片可以被认为是专门进行光合反应的器官。它们是专门的器官,但不是唯一能进行光合作用的器官,因为无论是茎、果实还是植物其他部位,只要是绿色组织都能有相同的功能。另外,同样显而易见的是,光合作用的过程在夜间不会进行,因此植物在夜间不会释放氧气。

需要指出的是,光合反应中有不易观察到的部分,而这部分与氧气的排出有紧密的联系。在叶片所处的环境中时时刻刻都在产生二氧化碳。我们通过肺部呼吸时,木头或者煤炭燃烧时都会释放二氧化碳。这是一种普通的代谢产物,由碳和氧结合而成,原子间结合得过于紧密以至于很难将二者分开。研究发现,在光合反应过程中,叶片从空气中吸收二氧化碳。这一气体只在光照下被植物绿色组织部位吸收,而这也正是植物释放氧气的条件。因此,二者自然而然地便联系到一起,可以推测光合作用的过程不仅涉及绿色组织和光,还涉及二氧化碳的吸收和氧气的释放。

当我们了解到二氧化碳是由碳元素和氧元素组成时,可以合理地认为碳元素和氧元素在植物中相互分离,碳元素被保留下来而释放出氧元素。保留下的碳元素成为植物的营养物质,这在后面章节将会进一步讨论。我们认为光合作用是植物叶片最重要的功能,二氧化碳的吸收和氧气的释放是其外部的表征,光和叶绿素以某种方式从本质上将二者联系起来。

图 3.1　表明光合作用释放氧气的实验。

26. 蒸腾作用——叶片释放水分是观察叶片是否正在代谢最简单的方式之一。可以通过一个简单的实验来证明这一点:如果将一个玻璃容器(钟形玻璃罩)翻转过来盖在一棵有活力的小植物上,可以看到有水分附着在玻璃上,甚至沿着玻璃壁下流。有一种更为简便的验证方法:先选择一片有完好叶柄且有活力的叶,将叶柄穿过一个打好孔的纸板,放置在一个有水的杯子上,然后将另外一个杯子颠倒过来罩住叶片的叶面倒扣在纸板上(见图3.2),纸板用来隔绝下面杯子蒸发出来的水分。可以观察到水分从叶片表面释放出来冷凝在倒转过来杯子的内壁上。

当注意到单独一片叶片能够释放出的水量后,由此可以联想到,一片草地或者森林这样大量的植物所能产生的水蒸气量将会是巨大的。绿色植物在代谢过程中明显以水蒸气的形式将水分释放到空气中去,而这些水被植物其他的一些部位所吸收。因此,叶片可以被认作为蒸腾作用器官。但并不是由于只有叶片参与到蒸腾作用（植物的其他很多部位也会发挥相同的作用），而是因为叶片是蒸腾作用的首要器官。

对于很多叶片在水下的植物，实际上蒸腾作用是受阻的，因为叶片已经浸在水中，水蒸气在这样的环境下不能被释放出去。在这种环境下叶片不需要蒸腾作用就可以行使功能。在某些情况下，禾本科、倒挂金钟属等植物，可以在叶顶端或者叶边缘挤压出水滴，这个过程称为"吐水现象"。通过这一方式使大量的水流出叶片。这在阴生植物中尤其适用，因为其生长的环境并不利于蒸腾作用。

图 3.2 蒸腾作用检测实验。

27. 呼吸作用——这是在叶片中发现的另外一种功能，但其并不容易描述。事实上，在植物学家发现光合作用和蒸腾作用后很长一段时间内，他们都没能注意到呼吸作用。只要叶片有活力，这一功能就会持续进行，不分昼夜。这一过程的外部迹象是氧气的吸收和二氧化碳的释放。我们注意到，这是与光合作用相反的过程。因此，二氧化碳在白天被吸收后同时产生氧气。我们同时也注意到，氧气的吸收和二氧化碳的排出正是我们自身呼吸中所发生的交换。这一过程在植物中被称为呼吸作用，其不依赖于光，能够在黑暗中进行，也不依赖于叶绿素，因为在植物非绿色的部位也能进行。呼吸作用不是叶片所特有的，其在植物所有有活性的部位都能进行。这一过程在所有活着的植物动物中都不会中断，所以与植物生命肯定紧密相关。因此，我们可以推断，光合作用是绿色植物所特有的，并且只在有光照的条件下才能进行，呼吸作用是所有植物必须具有的条件。当呼吸作用终止时，生命很快也会停止。实际上，呼吸作用为所有有生命的机体提供代谢的能量。

人们曾经一度认为，植物和动物的区别在于植物吸收二氧化碳释放氧气，而动物吸收氧气排出二氧化碳。现在看来，二者并不存在这样的区别，呼吸作用（吸收氧气产生二氧化碳）在动植物中都是相同的，不同之处在于绿色植物增加了光合作用的功能。

所以，我们必须要将叶片认为是呼吸器官，因为大部分呼吸作用发生于叶片，但是同时也要记住呼吸作用在植物每个有活力的部位都在进行着。

以上绝不是列出植物叶片能够发生功能的清单，而是为了同时表明叶片特有的功能（光合作用）以及它们所进行的其他功能。

叶片结构

28. 总体结构——显然，叶片的基本部分是其展开的部分，或者说叶面。通常叶片就是整个叶面（见图2.7、图2.8、图2.18）；一般叶片会有或长或短的叶柄来帮助叶面获得更好的光关系（见图2.1、图2.9、图2.17、图2.20、图3.4）；有时候在叶柄与茎连接处会有细小的叶片状的附属物（叶托），其相应的功能尚不清楚。叶片表面由绿色物质组成，上面分布着各种各样的叶脉架构。主脉贯穿整个叶片并延伸出较小的分支，这些侧脉再分出更小的侧脉，直至最小的细叶脉不可见为止，这个架构就是这些侧脉形成的紧密的网络。要展示叶片"骨架"非常艰难，这需要去掉所有的绿色物质，只留下叶脉网络。在有些叶片中主脉和细叶脉都很突出，在其他一些叶片中则只有主脉明显，而有些叶片中几乎很难观察到任何叶脉（见图3.3、图3.4）。

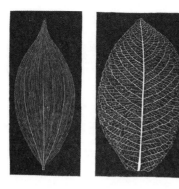

图3.3　两类叶片脉络。左边图片为玉竹的叶片,主要叶脉表现为平行分布,最微小的细叶脉肉眼已不可见,属于单子叶类型。右边图片为柳树的叶片,表现出网状叶脉,主脉延伸出一系列平行的分支,通过细叶脉网络相联系,属于双子叶类型。

图3.4　山楂树叶片,短叶柄,叶面宽阔,边缘锯齿状,叶脉网络明显。注意叶脉与锯齿边缘的关系。

29. 叶脉的重要性——现在已经明确的是叶脉的纹路对叶面至少有两个作用:①为绿色组织的展开提供机械支撑;②对绿色组织进行物质的输入和输出。叶脉的网络非常完整,对叶面的支撑和物质运输非常完善(见图3.5)。同样已经清楚的是,被叶脉支撑并且提供物质的绿色组织是叶片的重要组成部分,也是需要接收光的部位。可以从图2.3、图2.9、图2.13、图2.18、图2.19、图2.20、图2.21、图3.3、图3.4、图4.7、图4.26、图4.32、图4.38、图4.39、图5.9、

图 12.3 中了解各种植物的叶脉系统。

图 3.5　网纹草,叶片表现出叶脉网络,并且叶片相互之间进行位置调节形成嵌合结构。

30. 表皮——如果取一片厚厚的叶片(例如风信子的叶片),可以从其表面撕下一层纤柔而透明的皮层(表皮)。表皮完全覆盖整个叶片,且一般不表现出绿色,其为一层防护层。但同时又不能完全将绿色物质与外界隔绝。因此,我们可以发现叶片有三个重要组成部分:叶脉网络、叶脉网络中的绿色物质(叶肉)和全面覆盖的表皮。

31. 气孔——如果使用复式显微镜观察叶片,可以发现一些非常重要的现象。纤薄透明的表皮实际上是由紧密相邻的细胞层构成,有时像燕尾槽一样紧密连接在一起。在表皮上也会发现奇特的小孔,有时数量极多。每个小孔有两个新月形的细胞包围着,被称为"保卫细胞",在保卫细胞中间有一个裂缝似的开口穿过表皮。整套器官被称为"气孔",实际上相当于人的"嘴",而保卫细胞则如同"唇"(见图 3.6、图 3.7)。有些植物叶片中,气孔被发现只存在于叶片的下表皮,有些则只存在于上表皮,有些上下表皮都有。

图 3.6　竹芋表皮细胞，可以看到紧密相连的细胞壁、气孔及其两个保护细胞。

图 3.7　百合叶片上的一个气孔，保卫细胞中充满了叶绿体，在保卫细胞中间有一条裂缝样的开孔。

关于气孔的一个重要现象是，保卫细胞能够改变气孔的形状，同时调控气孔张开的大小。正如现在仍不明确气孔对于叶片的用途一样，保卫细胞如何调控气孔现在也不清楚。它们经常被称为"呼吸孔"，但是这一名称并不合适。气孔并不是叶片表皮所特有的，在植物的任何绿色部位，例如茎、幼嫩的果实等部位，都能发现气孔。因此，气孔很明显与绿色组织表面覆盖的表皮有着重要的联系。如果我们检查水生植物的叶片或者其他绿色部位就会发现，这些部位的表皮并不含有气孔。因此，只有表皮暴露在空气中，气孔才与绿色部位的表皮有确切的关系。

气孔似乎为绿色组织通过表皮与空气进行物质交换提供了开放的通道。然而，需要注意的是，很多物质通过叶片吸收或者排出，所以很难确定气孔负责其中哪一种物质的交换。例如，叶片在蒸腾作用过程中释放水蒸气，在光合作用中释放氧气，在呼吸作用中释放二氧化碳。现在比较倾向于认为气孔用作蒸腾作用，如果事实如此的话，"呼吸孔"就不是一个贴切的词了，因为它们还协助于其他物质的交换。

32. 叶肉——如果将百合的叶片进行横切，可以观察到组成叶片的三个区域所处的相对位置。结合在横切面上下部分的是透明的表皮细胞层，其上分布着由独特的保卫细胞构成的气孔。在表皮之间有一层绿色组织,也就是叶肉。叶肉由包含着无数微小绿色体的细胞组成,这些绿色体就是叶绿体,整个叶片就是因其而表现出绿色。

叶肉细胞在叶片上层和下层区域中的分布通常有所区别:上层区域的叶肉细胞表现为伸长且直立,将细胞的窄末端朝向叶片上表面,形成栅栏组织;位于叶片下层的叶肉细胞呈不规则形状,排布松散,细胞之间为气体留下通道,形成海绵组织。细胞间的气室相互之间能够流通,从而形成贯穿整个海绵组织的气室系统。气孔打开后,空气进入气室系统,从而与叶肉或者工作的细胞直接进行气体交换。由于上层叶面直接暴露在光照下,使上层叶肉细胞的特殊分布形成"栅栏组织"。在这里,虽然光照对叶肉来说必不可少,但同时可能会造成至少两方面的危害:光强过大会损伤叶绿体,携带的热量可能会使细胞脱水。只将窄末端朝向光,细胞可以避免吸收过多的光和热(见图 3.8)。

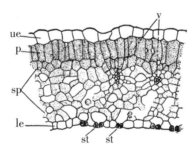

图 3.8　百合叶片的横切面,可以看到上表皮(ue)、下表皮(le)及其气孔(st),叶肉(带点的细胞)所包含的栅栏组织(p)和海绵组织(sp),细胞间的气室,以及两条叶脉的横切面。

33. 叶脉——在叶片的横切面中遍布着嵌入在叶肉中的细叶脉的切口,部分由厚壁细胞组成,维持着叶片的形态及对叶肉的物质运输(见图.3 8)。

叶片保护

34. 保护的需要——叶片作为一个重要的器官,从其脆弱的活性

细胞可以看出,叶片面临着众多的危害。在这些危害中,首要的是强光照、干旱、冷害。并不是所有的叶片都暴露在这些危害之下。例如,生长在阴暗处植物不会受到强光的损害;很多水生植物不会遇到干旱;很多热带低地植物不会受到冷害。所有这些因素所导致的危害是由于植物体表面积宽阔而没有足够的厚度,而应对所有危害的防护措施实际上是相似的。大部分防护形式可以归为两类:①在处于危害的叶肉与空气间形成保护结构;②减少暴露面积。

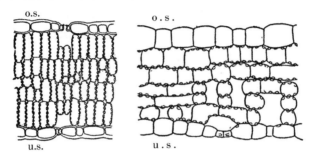

图3.9 同一植物的叶片横切面,显示出光照对叶肉结构所产生的影响。图中,o.s.表示上表面,u.s.表示下表面。左图横切面所对应的叶片直接暴露在强烈的光照下,结果造成所有的叶肉细胞产生了保护或者说栅栏的形态。右图切面所对应的叶片生长在阴暗条件下,没有叶肉细胞形成栅栏的形式。

35. 保护结构——叶肉中的栅栏结构可以被认为是一种适应性的保护方式。但这只是通常的现象,并不能应对所有的极端条件。如果栅栏组织细胞表现为窄而长,或者形成两到三层细胞层,我们可以推测出这一植物可能暴露在强光照或者干旱的危害下。图3.9所示,通过将同一植物的叶片分别暴露在光照和阴暗的极端条件下产生的鲜明对比,可以看出强光对叶肉结构产生的惊人影响。

然而,最寻常的适应性结构都与表皮有关。外层表皮细胞的细胞壁可能会增厚,有时甚至极度增厚;其他的表皮细胞细胞壁可能也或多或少会增厚;有时甚至发现不止一层表皮层在保护叶肉。如果外层的细胞壁持续地增厚,厚壁的外层最终会失去其结构并形成角质层,这也是最好的保护结构之一(见图3.10)。有时,角质层过厚会导致通往气孔的通道成为规整的管道(见图3.11)。

另外一种非常常见的保护结构为表皮生长出的各种各样的表皮毛。这些表皮毛可能会形成较为轻柔的覆盖层,或者叶片被大片的毛毡似的表皮毛覆盖,进而完全掩盖表皮。毛蕊花的叶片就是被毛毡覆盖的很好例子(见图3.14)。在寒冷及干燥的地区,很容易注意到绒毛覆盖的叶片,通常表现出洁白色或者古铜色的耀眼外观(见图3.12、图3.13)。有些植物,表皮生长出各种模式的鳞片来替代绒毛类的保护层,通常重叠在一起形成完善的保护层(见图3.15)。通过这些例子,我们应当明白的是:这些表皮毛除了可以保护叶片外,可能还有其他的用途。

图3.10　紫衫叶片的部分横切面。图中展示出角质层(c),表皮(e),及栅栏组织的上层细胞(p)。

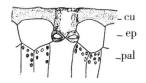

图3.11　康乃馨叶片的部分横切面。图中展示出外部表皮细胞(ep)的外细胞壁形成的厚角质层(cu)。角质层中有通道通向气孔,从图中可以看到表皮细胞中间的两个保卫细胞。在表皮细胞之下是一些包含叶绿体的栅栏组织细胞(pal),在气孔下面是开放的气室。

图 3.12　委陵菜叶片上从表皮生长出的表皮毛。

36. 减少暴露面积——对于这一宽泛的主题,不可能只通过一些图例就能解释清楚。在非常干燥的地区经常可以注意到植物的叶片小且相对较厚,而叶片的数量很多(见图 2.4、图 13.5)。通过这种方式,每片叶片只有较少的面积暴露在干燥的空气和强烈的光照下。在美国西南的干燥地区,生长着大量仙人掌,这些植物的叶片缩小到不能够被辨认出来是叶片的程度,并且不能够完成叶片的功能。球形、柱形或扁平的绿色茎代替叶片,行使叶片的功能(见图 3.16、图 3.17、图 3.18、图 13.22、图 13.23、图 13.24、图 13.25)。在同一地区,龙舌兰属和丝兰属植物则保留了它们的叶片,但叶片变得非常肥厚,行使着蓄水的功能(见图 3.16、图 3.17、图 3.26)。在所有这些例子中,都是通过栅栏组织、厚厚的表皮细胞层,以及丰富的角质层来减小叶面面积。

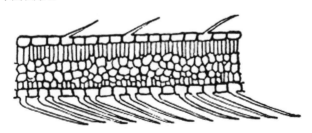

图 3.13　灌木胡枝子叶片的切面。图中展示出上下表皮细胞、栅栏组织细胞、海绵组织细胞。下层表皮细胞生长出大量表皮毛,紧贴着叶片表面分布,形成一层紧密的保护层。

图 3.14　毛蕊花叶片表皮毛的分支。图片表现出的是大致的轮廓而不是众多的细胞。

图 3.15　水牛果叶片的鳞片,相互之间重叠,形成完整的覆盖层。

图 3.16　一组来自仙人掌荒漠的植物。在最右边和最左边有着非常厚的叶片的植物为龙舌兰。中间的为仙人柱;下方右边和左边的为小型的仙人球;最后方的为多刺的叶片仙人掌。在两个仙人柱之间的是小叶片的沙漠植物,两边的为丝兰。

37. 莲座状分布——生长在如石砾这种没有遮蔽环境下的小型植物,经常通过叶片的莲座状分布来保护自身。叶片成簇地排布在地面或者近地面上,相互之间重叠,使其能够有效地抵抗强光、干旱或者冷害(见图 2.11、图 2.12、图 4.4)。

38. 保护姿态——除此之外,叶片所采取的姿态能够使叶表面避免强光的直接照射。前面已经提到的所谓"指向植物"就是很好的例

图 3.17 一组仙人掌的形态图（细柱形、柱形、球形）。这些植物都多刺而无叶；前方是一棵龙舌兰；后方有一丛丝兰的花簇。

子,叶片南北朝向,以侧面朝向光照方向,避免接受强烈的光照(见图 2.5、图 13.3)。在澳大利亚的干燥地区,很多森林中树木及灌木上的叶片都是南北朝向,使这些叶片呈现出奇特的景象。

有些叶片能够根据需要改变状态,例如根据光照的强度,使叶片朝向或者偏离光照方向。这类叶片中适应最彻底的是含羞草,这种植物的叶片通过改变它们的姿态以应对各种外界因素。普通含羞草聚集在干燥地区,被当成这类植物中的一种(见图 2.4、图 3.19、图 13.4)。这些植物的叶片会分化成无数的小叶,有时候会非常小,这些小叶沿着叶分支对生。当干旱来临时,部分小叶对合拢到一起,稍微减少暴露的叶面积。随着干旱的持续,更多的小叶合拢,一个接一个,直到所有的小叶都合拢,叶片本身可能会贴在茎上。

这就好像是航行的帆船,随着风暴的降临逐渐收起风帆,直到最终没有东西暴露在外,只留下光秃秃的桅杆以渡过暴风雨。由此,含羞草可以非常准确地根据需求来调节暴露面积。

这种运动型叶片不仅在干旱来临时展现这一特性,还能够在白天根据光照改变叶片状态,同时在夜间呈现出另外一种独特的状态,这曾经被称为"睡眠状态"。叶片在夜间暴露的危险主要是热量的散失,这可能会达到叶片受到冷害的阈值。酢浆草小叶在夜间状态的变化前面已经提及(见第二章,运动型叶片)。在大部分豆科植物中,都可以观察到叶面在夜间表现出相似的变化,甚至是常见的白三叶

草也表现出相同的现象。我们可以观察
到,很多植物幼小的芽在夜间改变子叶的
状态,经常采取垂直的姿态,这样能够使
子叶之间相互靠近,同时保护幼芽。

在常绿植物中,一些发展出完善的保
护结构的叶片能够越冬。然而,杜松的叶
片在冬天和夏天的状态有所区别(见图
3.22)。在冬天,叶片紧贴着茎,相互之间
叠合;然而随着温和气候的到来,叶片又
会四散展开。

图 3.18　仙人球,茎
具棱,刺坚硬,完全无叶。

图 3.19　含羞草叶片的两种状态。左边叶片完全展开,四个主
要的分支和小叶充分伸展。右边展示的是同一叶片受到突然触碰、
瞬间升温或其他方式的"刺激"后的状态。小叶聚拢到一起并且朝
下;四个分支移动到一起;主要的叶枝大幅度下垂。整体的变化很大
程度地减少了暴露的面积。

图3.20 舞草。每片叶由一片大的顶叶,以及一对小侧叶构成。图片最下部中,最大的小叶在白天呈现展开的姿态;在图片中间,这些叶片在夜间极度地下垂。舞草的名称源于两边侧叶独特而持续的运动,每片小叶颤动的轨迹形成一条曲线,如图片最上方所示,就好像钟表的指针一样。

图3.21 南瓜幼苗的子叶,在光照下的姿态(左图),及在黑暗中的姿态(右图)。

图3.22 杜松的两枝树枝,展现出热和冷对叶片姿态的影响。

图 A 表示的是冬季保护姿态;而图 B 是在温暖条件下,叶片舒展开,直接展露在外。

39. 防雨保护——对于叶片来说,避免被雨打湿同样也很重要。如果雨水浸湿了叶片,会有堵住气孔从而影响气体交换的风险。因此,我们可以注意到大部分叶片都能够防水,叶片的形态及叶片的结构都起到部分作用。在很多植物中,叶片排布的方式使得雨水直接流向茎,进一步到达根部系统;在其他植物中,叶片排布的方式则使得雨水如同淋在屋檐上一样流向外部。

能够防止叶片被雨水浸湿的结构有:光滑的表皮、角质层、蜡质层、表皮毛等。可以对不同的叶片进行相关的实验来检测叶片的防水性。如果向不同的叶片上轻柔地洒上水,可以观察到:水滴在有些叶片的表面立即滑下;而在有些叶片上缓慢地流下;甚至在有些叶片上可能会或多或少地留下一些水珠。

同样,我们也可以注意到在大部分水平叶片中,上层的叶片通常要比下层的光滑,叶片下表皮上的气孔数目变多,有时会急剧增多。尽管这些结构上的差异,除了具有防水作用之外,毫无疑问还有更重要的作用,但是这也表明了结构与防水二者之间的联系。

第四章　枝

40. 一般特征——枝的概念包括茎和叶。在低等植物中,例如蓝藻和伞菌,没有明显的茎和叶。在这类植物中,功能等同于高等植物茎和叶的部位被称为叶状体。这两类功能在高等植物中被分离开,枝被区分为茎和叶。

41. 生命联系——在探索茎的基本生命功能时,很多茎是生长在地下的,很明显和叶不同,与光的联系不大。并且,一般来说,茎不像是普通的叶片那样展开。这说明,无论这种基本功能是什么,都与器官暴露的表面积无关。当考虑到茎是巨大的叶片承载器官时,就可以明确是这种生命联系与叶片相联系。通常茎能够产生分枝,而这种产生分枝的能力增强了茎产生叶片的能力。

因此,在对茎进行分类时,自然就用到了茎上着生叶片的种类。基于这一点,主要可以分为三类茎:①着生营养叶的叶茎;②着生鳞片叶的鳞茎;③着生花叶的花茎。有些特定形式的茎上并不着生上面任何一种类型的叶片,但在此不做讨论。

着生营养叶的茎

42. 一般特征——由于这类茎主要作用是承载营养叶,现在已经

发现叶片主要的生命关系是光关系，因此这种类型的茎必须能够使叶片接收到光。因此，通常在空气中着生叶片的茎会伸长，茎节之间相互分离，以便叶片充分展开(见图2.1、图2.4、图2.18、图2.20)。

叶茎是植物最显眼的部分，形成了植物整体的风格类型。人们对于大部分植物形态的印象主要来自着生营养叶的主茎。从微小而短暂的植物到历经几个世纪的参天大树，这类茎在不同植物中的形态大小和寿命长短有着很大的变化范围。这类茎的另一个特征是能够产生分枝，很明显分枝增多，叶片也就相应地增加。下面介绍一些叶茎的主要类型。

43. 地下茎——将所有的地下茎都归为叶茎可能有些不太合适，因为这些茎似乎与光没有联系。普通的地下茎将着生叶片的分支撑出地表，这类茎并不会被列入叶茎。但是有些植物中，所包含的唯一的茎就是地下茎，并且地表没有分枝。在这种情况下，只有叶片在地表可见，而这些叶片直接从地下茎生长而出。普通的蕨类表现出这种明显的特征，所有在地表上的都是叶状部位，底下的叶柄相当于通常情况下的"茎"(见图4.1、图4.2、图9.1)。很多的种子植物也都表现出这种特征，尤其是那些在早春开花的植物。这种地下茎并不利于茎着生叶片，一般来说，这样的茎并不会生长出很多的叶片，但是叶片会倾向于更大。然而，这种地下的位置可以防止冷害和干旱的危害，当叶片受损害后，受保护的茎可以再生长出叶片。这种位置也相对利于果实的储存，并且这类茎会由于果实积累的物质而稍微增厚或扭曲。

图 4.1　绵马贯众,一种蕨类,从水平的地下茎(根茎)中生长出三个大的叶分枝;生长中的叶片没有展示出,其为逐渐伸展开。茎、幼叶、主叶柄上覆盖着厚厚的保护毛层。茎的下表面生长出众多细小的根须。图中 3 表示的是叶片下表面部分,展示出七组孢子囊;5 表示的是孢子囊中的一组,可以看出孢子囊是如何附着在叶片下受到保护的;而图中 6 表示的是单个的孢子囊打开后释放孢子,大量发条状的环状物从前到后布满整个孢子囊。

图 4.2　一种普通的蕨类,地下茎(根茎)将几片较大的叶片伸出地表。

44. 匍匐茎——这种情况下,茎的主体部分或多或少处于匍匐状态,但茎前端通常是直立的。这种茎可能会朝向所有的方向,相互之间会有所交错。匍匐茎在贫瘠裸露的土壤中尤其多见,这一现象可能与匍匐茎的习性有重要关系,由于土壤中没有足够的营养使其构建直立茎的形态,并且直立茎会导致植株暴露在强光、炎热等不利环境下。且不论是什么因素导致这种匍匐形态,匍匐茎都有其相应的优势。与直立茎相比,由于并不需要形成站立的刚性结构,匍匐茎的营养需求更小。另一方面,这种茎生长叶片的能力被削弱。由于茎的一面贴着地面,不能够自由地向各个方向伸出叶片,提供给叶片的空间因而减少了一半。所有匍匐茎上着生的叶片都朝向一边(见图2.18)。

然而,我们确信,任何由于这种形态为叶片生长所带来的劣势都会被其他方面的优势所弥补。这种形态明显是一种保护方式,并且在迁移及无性繁殖的过程中有明显的优势。随着匍匐茎在地面上蔓延,茎节处会生长出根扎进土壤。通过这种方式,保证了新的扎根点和土壤营养的供应;老茎可能会凋零,但是新茎已经与土壤建立了联系会继续生存下去。由于这种增殖方式非常高效,很多有直立茎的植物也会经常利用这种方式,从近基部生长出特殊的匍匐分支,在地面上扩展继而形成新的植株。草莓中就存在着非常相似的例子,植物伸出特殊而裸露的走茎,来扎根从而生长出新的植株,然后随着走茎的枯萎,就形成了一棵独立的植物(见图4.3、图4.4)。

图4.3　草莓。可以看出从走茎上形成一株新的植株,新植株接着伸出另一条走茎。

图 4.4　两株虎耳草。莲座丛习性，且从茎基部伸出众多的走茎，从茎端生根形成新的植株。

图 4.5　有着悬浮茎的沉水植物，茎节处对生细小的叶片。

45. 悬浮茎——这种类型的茎只生长于水中。在小型的内陆湖和缓慢流淌的溪流中可以发现大量这种类型的茎(见图 4.5)。这些茎在水下看起来似乎是直立的，但一旦从水中拿出，由于缺少在水中的浮力，就不能保持直立的状态。悬浮茎在水中自由生长并稍微展现出直立的状态，似乎与直立茎一样能够自由生长叶片，同时悬浮茎并不需要形成刚性结构。对于植物来说，这种形态建成过程中物质的节约与叶片完全自由的生长，近乎完美地结合在一起。然而，必须要注意的是，另外一个非常重要的条件也介入到其中。光必须要穿过水才能到达叶片表面，这一过程在很大程度上削弱了光照的强度，叶片的功能也会被减弱。光在水中照射的极限并不是很深，超过这一极限后，光不再能够为叶片的功能运作提供能量。因此，水生植物被限制在水表面，或者浅滩上。水严重阻碍了光线的传播，很多植物将它们的功能叶悬浮着伸到水表面，就如同睡莲一样，以此来获取未被减弱的光照。

46. 攀缘茎——热带地区植被密度大且遮蔽严重,很多茎"学会"沿着其他植物的躯体攀爬,从而将自身的叶片展露在更好的光照下,因此攀缘茎在热带地区尤其多(见图4.6、图4.11、图5.15、图14.5)。大量的木质藤蔓——也就是所谓的"藤本植物",与热带雨林的植物相互交错。同样,我们在温带植被中也能发现相同的习性,但不会像热带地区那样多。攀缘茎有着众多的形态。由于这一习性涉及茎依靠其他植物来获取物理支撑,我们可以将很多绿篱植物列入攀缘类植物里。在这种情况下,茎过于柔弱而不能独自站立,但是通过与其他植物交织在一起,使自身保持直立的状态。另外,啤酒花和牵牛花的茎通过缠绕它们的支撑物而攀爬;其他一些像葡萄和黄瓜一类的植物,通过伸出卷须来抓住支撑物(见图4.7、图4.8);忍冬属植物,会伸出吸盘当作固定器来攀爬(见图4.9、图4.10)。在所有的这些例子中,植物都是建立在不使自身站立的结构前提下,试图获取更好的光照资源。

图 4.6 沿着树干攀爬的一株藤本植物。叶片都朝向阳光且相互之间避免遮蔽。

图 4.7 一簇菝葜,生长出卷须和刺以攀爬。

图4.8　西番莲利用卷须攀爬,这些卷须或伸长或者盘绕。可以注意到在同一根茎干上存在两种类型的叶片。

图4.9　落叶林中的爬山虎。树干被大量的爬山虎覆盖住,爬山虎的叶片相应调整成嵌合结构。可以观察到下层植被,由灌木和草本植物组成,说明森林相对比较空旷。

图4.10　爬山虎的一部分。蜿蜒卷曲的茎利用吸盘将自身吸附在光滑的墙壁上。

图4.11　锡兰(现斯里兰卡)康提皇家植物园中的一棵藤本植物。

47. 直立茎——这种类型的茎似乎是植物完全展露叶片的最好的适应性结构。叶片能够向各个方向生长并且都朝向阳光，但这付出的代价是要构建复杂的机械结构，使茎保持这种形态。这些直立的躯干与地区的气候有一种奇妙的联系。在高海拔或者高纬度地区，地下茎和匍匐茎是最常见的；随着海拔或者纬度的降低，直立茎变得更多且更加高大。在所有直立茎植物中，乔木最为突出，发展出大量的形态或者说习性。任何人都可以轻松地辨认出松树和榆树形态的区别（见图4.12、图4.13、图4.14、图4.15），并且即使相距很远，根据树的形态特征，大部分的树木都能被辨认出来（见图4.15、图4.16、图4.17）。这些庞大的躯体维持着形态并且承受着巨大的压力和张力。

图4.12　落叶松，呈现出连续的中轴和水平分枝，越接近树的顶端，分枝越倾向于直立。整体轮廓呈圆锥状。落叶松在松树中比较特别，会周期性地落叶。

图4.13　松树，呈现出中心轴，成簇的针状叶朝向分枝顶端，以获得最好的光照条件。

图 4.14　冬天里的榆树，没有表现出中心轴，主茎很快分裂成分枝，形成展开的树冠。背景中两边的为松树，表现出中心轴和圆锥轮廓。

图 4.15　一棵茂盛的榆树，树干分裂成分枝，树冠展开。

48.光关系——由于茎承载着叶片，而叶片与光有着重要的关系，在此有必要讨论一下光对茎朝向的影响，在之前已介绍这种应答现象，被称为"向光性"。在直立茎中，这种趋势表现为朝着光照方向生长（见图 2.1、图 4.20），结果使叶片处于接收光照的合适角度，从这一方面来说，茎的向光性能够辅助叶片保持最合适的姿态（见图 4.19a、图 4.19b）。而匍匐茎受光的影响则不同，茎会横向朝着光照方向。很多叶分枝中有着相同的现象，几乎在所有树木中都可以观察到下层分枝一般处于水平状态。当这些分枝越过被遮蔽的区域后，一般会变为倾向于朝上。地下茎基本呈水平方向，它们已经不再受光照的影响，而是会受到重力的影响，这种应答现象被称为"向重性"，会使茎水平展开。与直立茎一样，攀缘茎向光生长，而悬浮茎则直立或水平生长。

图 4.16　冬季的橡树,分枝宽广。受光关系影响,分枝朝向各个方向。

图 4.17　冬季沙丘上的棉白杨,表现出分枝特征,倾向于成群生长。

着生鳞片叶的茎

49. 一般特征——因为鳞片叶内不能产生叶绿素,因而不能行使营养叶功能。这意味着鳞片叶不需要展露叶表面,所以叶片要小很多,相比营养叶也不易被察觉。插图中展示树的鳞芽,其上覆盖着重叠且不显眼的鳞片叶,很好地表现了鳞片叶的特点(见图 4.21)。由于这类叶片中不产生叶绿素,不需要暴露在光照下。因此,只生长鳞片叶的茎与光也没有必然的联系,地下或者地上部分可能都是如此。同样,鳞片叶之间不需要隔开,因而如同鳞芽一样,鳞片叶之间会相互重叠。

有些情况下,鳞片叶会与营养叶混杂着出现,没有形成特定的茎类型。在松树的茎上存在着大量的鳞片叶,而这些叶片行使着营养叶的功能。事实上,松树的主茎上只生长鳞片叶,而短小且呈马刺状的分枝上生长针状叶,或者说营养叶,但茎的形态是受营养需求而控制的。我们也可以注意到有一些独特的附着鳞片叶的茎。

图4.18　一组垂枝白桦树,呈现出分枝习性,尤其是悬垂的分枝特征。同时树干表现出茎上桦木皮成片剥离的特征。

图4.19a　向日葵茎上部明显弯向光照方向,使叶片处于更好的光照位置。

图4.19b　蓖麻子叶。左边的幼苗呈现子叶正常的形态,右边的则是由于侧向的光照而导致茎弯曲。

50. 芽茎类——在这种类型的茎中,生长叶片的茎节保持在一起,并且叶片相互重叠,而不是像普通叶片的茎节相互分离。这种特征的茎上后生长的茎节可能会分离出来,并且生长出营养叶,因此可以在有些植物中的同一个茎上发现下层生长着鳞片叶而上层生长着营养叶。在分枝的芽中经常如此,鳞片叶起着保护的作用,这些鳞片叶生长在地上部,不是因为这些叶片需要光照,而是因为要保护需要光照的幼嫩营养叶。

有些情况下,这种茎芽上的鳞片叶不是起保护作用而是用于物质储存,使其变得有肉质感。普通鳞茎都表现出这样的特征,如百合花等,当物质储存作为主要目的时,最合适的位置就是地下(见图4.22)。有时这类

鳞片叶会变得非常宽阔,叶片间不仅重叠还相互包裹起来,如洋葱。

51. 块茎类——马铃薯就是很好的块茎的例子(见图 4.23)。在马铃薯的芽眼内可以发现微小的鳞片叶,这些鳞片叶不能重叠,这说明块茎的茎节之间的距离要比芽茎远。由于这种茎通常用作营养物质的储存,因而形成这种形态结构,且一般生长在地下。物质贮藏,地下部位,以及退化的鳞片叶,这些因素似乎自然而然地联系到了一起。

图 4.20 一株南美杉,以中心为轴,分枝成簇向各个方向伸展,着生着无数细小叶片。最下层的分枝朝下并且是最大的分枝,而上方的分枝逐渐趋于水平且变小。这种分枝间的大小和方向的差异能够保证最大的光接收面积。

茎的任何片段都会萌发出新的分枝。

52. 根茎类——这可能是最常见的地下茎的形式。根茎如同叶茎一样伸长,因此鳞片叶被分离开。其为物质贮存的重要器官,并且非常适应地下迁移(见图 4.24)。根茎能够处于更加安全的位置,像匍匐茎那样为植物进行迁移。根茎以一种非常高效的方式"传播"植物,随着其在地下的推进,生长出一系列的分枝伸出地表,这种生长方式在绿化带和人工草坪的建设中得到广泛运用。杂草通常就是由于这一习性而难以被根除(见图 4.25、图 4.26)。因为不可能将土壤中无数的根茎全部去除干净,只要残留根

图4.21　榆树的芽分枝。展示出三个叶芽（k）及其重叠的鳞片叶,每个叶芽处于老叶留下的疤痕之上。

图4.22　由重叠的鳞毛组成的鳞茎,由于储存了营养物质而显肉质。

53.休眠与复苏的交替——在提及的三类茎中,需要注意的很重要的一点是,它们存在很明显的休眠和旺盛活力的交替。芽分枝中快速生长出新叶,从而使树木在短短几天内被新生的叶片覆盖。从地下茎萌发的地上部位生长非常迅速,使得地表像在突然之间就布满幼嫩的植物一样。这种从相对休眠的状态到旺盛活力的快速转变,也被称作植物的"苏醒"。

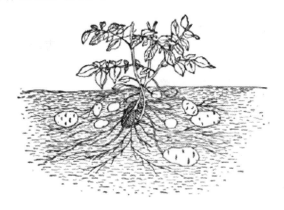

图4.23　马铃薯的地下块茎。

着生花叶的茎

54. 花——植物生长的所谓的"花"代表另外一种由茎和特殊的叶组成的芽的类型。花是如此的引人注目,让人们误认为花是植物中唯一值得研究的部位,因而人们对其进行了很多相关的研究。除了很多植物不生长花以外,即使是在生长花的植物中,花唯一与植物生命过程有联系的是繁殖。每个人都知道花的变化极其丰富,每种花的变异都有其命名,因此很多关于花的研究仅仅是学习这些命名的定义。然而,如果我们试图去探索花的生命关系,我们就会发现花的定位非常简单。

图 4.24　六角星花的根茎,从下部生长出根,上部可见疤痕,标志着随后长出叶分枝的位置。生长点被鳞叶所保护(形成芽),原先芽的位置由环状的疤痕表示,标志着原先鳞叶附着的位置。如此新老交替,能够生长出无限的植株。

55. 生命关系——开花就是为了结籽。这不仅要使花自身处于适宜的条件来完成结果,还需要花能够将种子置于合适的条件下萌发生长成新的植株。在产生种子的过程中,植物需要保证能够将黄色粉状的花粉传递到生长种子的器官,也就是雌蕊上。这一传递过程被称为传粉。因此,对于花来说重要的一点是,与其相关的生命关系可能是保证传粉的完成。除了关乎种子产生的传粉外,还需要有种子的传播。种子散布的越分散越好,以便使种子之间以及与亲本之间分离开。所以,与花联系的问题就是传粉及种子传播。因此有

必要关注这类茎的一些特有的性状。

图 4.25　灯芯草的根茎,其在地下生长的同时向地表伸出一连串的分枝。这种根茎的裂解最后会产生很多独立的个体。

图 4.26　高山柳树,强壮的根茎生长出根及地上部分枝,从而能够保持较长的寿命及大范围的迁移。

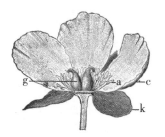

图 4.27　芍药花,有四组花器官:k,萼片,总称花萼;c,花瓣,总称花冠;a,大量的雄蕊;g,两个心皮,内含子房。

56. 结构——由于茎节没有分离,因此这些特殊的叶片紧贴在一起,通常形成莲座状的结构(见图 4.27)。这些叶片可以分为四部分:最下层(最外层)的大部分类似于小叶片(单个的称为萼片,总体称为

花萼);更高一层(向内一层)的一组叶通常最引人注目(单个称为花瓣,总体称为花冠),结构精致而色彩艳丽;第三层(雄蕊)产生花粉;最高层(最内层)形成雌蕊,生长出胚珠——其最终成为种子。这四部分可能不会在同一朵花上同时出现;同一组结构之间可能会或多或少地融合在一起,形成管或瓮状结构(见图 4.28、图 4.29、图 4.30);或者不同组成部分会产生大量的形态变异。

这种类型茎的另外一个特征就是,当最后一组花叶(心皮)出现时,茎的纵向生长就会停止,花叶成簇地着生在茎轴的末端。另外,通常短茎着生的花叶在茎顶端变宽,形成所谓的花托,紧贴在一起的花叶在其之上。

尽管很多花茎是单支的,但是花茎产生分枝也很常见,所以花会成簇出现,有时比较松散呈放射状,有时比较紧凑(见图 4.31、图 4.32、图 4.33)。例如,蒲公英的"花"实际上就是花头团聚而成。人们通常认为所有的这些形态是为了能够更好地进行授粉或者传播种子,或两者兼具。

授粉和传播种子是繁殖过程中首要考虑的因素。

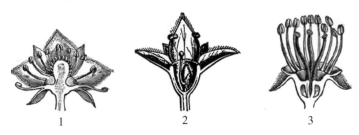

图 4.28 蔷薇科的一组花。1 为委陵菜的花,图中展示了三片宽阔的花萼,相对较小的花瓣交错分布,一组雄蕊,花托上着生了无数的小心皮。2 为羽叶草花,可以观察到两片较小花萼的尖端,三片在下部连为一体的较大的花瓣,从子房边缘生长出的雄蕊,以及单个特别的雌蕊。3 为苹果的花,展示出萼片、花瓣、雄蕊,及从雌蕊的子房生长出的三根花粉管。

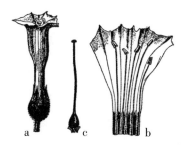

图 4.29　番茄的花。a,一片完整的花,下方是萼片组成的花萼,
花瓣连合形成漏斗状的花冠,从花冠管的嘴部可以看到雄蕊;b,将花
冠管分割打开后,可以看到五个雄蕊附着于花冠近基部;c,由雌蕊组
成的两个混合心皮,球状基部(内含胚珠)便是子房,三根茎状物为花
粉管,顶端的突起为柱头。

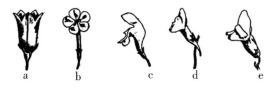

图 4.30　一组花的形态。a,风信子花,由五个花瓣组成的钟状
花冠;b,夹竹桃花,管状花冠,五个花瓣上部相互分离且向四周伸展
开;c,野荨麻花,花冠不规则,五个花瓣在漏斗状基部之上形成两个唇
形;d,柳穿鱼花,双唇形花冠,花冠基部为马刺状;e,金鱼草花,花冠
末端分为上下两唇。

图 4.31　虎眼万年青,花在茎顶端松散成簇。叶和茎从鳞茎生
长而出,鳞茎下方产生成簇的根系。

图 4.32 核桃树生长出的一串花。

57. 茎结构——地上部的叶茎最适合用来进行茎结构的研究,因为叶茎不会受到果实的积压导致茎干的扭曲。如果将普通树木的鲜嫩幼枝切断,可以看到茎由四个区域组成(见图 4.34):①表皮,外部的保护层,可以被剥开;②皮层,表皮层内一般为绿色的区域;③维管束,分布着木质的维管;④髓,中间部位。

图 4.33 伞形科泽芹的花簇。

58. 双子叶植物纲和松柏纲——有些植物中,维管形成中空的圆柱,位于皮层内,中间剩余的部分称为髓(见图 4.34)。有些情况下,老茎中的髓会消失,导致茎中空。当维管这样分布时,茎的寿命肯定不止一年,能够在外侧增加新的维管,从而茎的直径也相应增加。在木本植物中,这些在维管横切面增加的部分形成一系列的同心圆,通常被称为年轮(见图 4.35),人们一般根据圆环的数量来估计树的年龄。通过这种方式并不能完全准确地获得树的真实年龄,因为在某些年份,树可能有多个生长周期。在有些树和灌木中,表皮被木栓层取代,形成非常厚的外部保护层,也就是树皮。

茎直径增长的植物一般都属于双子叶植物纲和松柏纲。前者包括我们日常看到的大部分木本植物,如枫树、橡树、山毛榉、胡桃树等(见图 4.14、图 4.16、图 4.17、图 4.25),以及很大一部分常见的草本植物;后者包括松树、杉树等(见图 4.12、图 4.13、图 4.20、图 13.25、图 13.26)。通过茎的直径增加,树木每年能够生长出更多的分枝和叶片,从而使叶片的功能强度逐年增加。这是因为茎能够为叶片输送重要的营养物质,如果茎的直径增加,就能运输更多的物质,从而使更多的叶片行使功能。

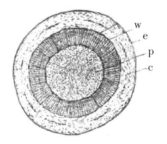

图 4.34 梣叶枫幼枝的横切面,茎分为四部分:e,表皮,由边缘加粗的线所表示;c,皮层;w,维管柱;p,髓。

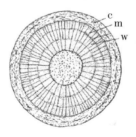

图 4.35 三年生梣叶枫茎的横切面,在维管束上可以看到三道年轮。穿过维管束(w)的放射线(m)代表的是髓射线,主线从髓一直延伸到皮层(c)。

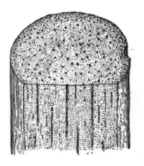

图 4.36　玉米秆的横切和纵切面。图中的点表示散布的维管,从纵切面上看去呈线形长纤维状。

59.单子叶植物纲——然而,在有些植物中,维管都分布在茎的中间区域。从玉米茎秆的切面(见图 4.36)可以看出,维管散布在中间区域,而不是围绕髓形成空圆柱。这类茎的植物属于单子叶植物纲,包括棕榈、禾本科植物、百合花类等。大部分这种茎的直径不会增加,因此也不会年复一年地产生分枝和新的叶片。棕榈很好地表现出这一习性——没有分枝的柱状茎,以及每年都保持相同数目的叶片(见图 4.37、图 4.38)。

图 4.37　枣椰树,只展示出植株的下半部,柱状的躯干没有分枝,顶部被老叶的叶基覆盖,成簇地生长着巨大的叶片。可以看到两串沉重的果实垂下来。

图 4.38　美洲蒲葵,茎矮小而叶冠大。

60.蕨类——尽管维管的分布方式与单子叶植物有很大的区别,大部分的蕨类植物的茎也很相似,维管在中间区域分布,茎的直径不会增加。我们可以注意到,蕨类植物与棕榈树茎的大致形态非常相

似（见图 4.39）。

图 4.39　一组热带植物。中间靠左的是一株树蕨，茎呈细长的柱状，叶片大且形成冠状。右边的叶片宽大的植物为香蕉（单子叶植物）。

61. 低等植物——在苔藓植物中，藻类和真菌会生长出茎，茎的结构相对要简单很多，但是它们的功能基本类似。

62. 茎的运输功能——除了生长叶片和机械支撑的功能以外，茎是植物重要的营养运输器官。这一内容将在第十章《植物营养》中进行探讨。

第五章　根

63. 一般特征——根是植物的第三大重要器官,根与外界所表现的联系甚至要比叶片或茎更为丰富。无论处于何种联系,根都是作为吸收或者起着固定作用的器官,而且通常会兼具两种功能。与叶片不同,对于根来说,光并不是其行使功能所必要的,并且与茎也不一样,与叶片不存在联系。根与土壤存在另外一种联系。

很明显,根能够将植物固定在土壤中,并且从土壤中吸收水分。如果考虑到吸收功能,根的吸收量很明显取决于根系在土壤中的接触面积。我们已经知道,叶片可以通过成为伸展的器官来解决关于叶片暴露面积的问题。因此,有人可能会提出疑问,为什么根没有成为伸展器官。植物接收光照和吸收水分的结构需求存在非常大的差异,前者需要平整的表面,而后者需要管状结构。因此,根不是通过将器官展开来增加表面积,而是通过增加数量。另外,为了获取土壤中的水分,根必须朝着各个方向生长,伸展其细嫩的细线状分枝,尽可能与更多的土壤接触。在土壤中,根系吸收不是唯一需要考虑的因素,根必须起着固定的作用,要牢牢地抓住土壤。朝着各个方向分布的大量线状分枝,要比平整展开的形态能够更加有效地完成这一功能。

同时需要注意的是，土壤根系是地下器官，就如同地下茎一样，经常会作为储存营养物质的器官。一些主要的根的类型如下：

64. 土生根——这种根需要消耗大量的能量扎进土壤，根的吸收由于表面被完全覆盖，只有根系的幼嫩部分吸收活力较强，较老的部位将吸收的物质传输到茎，同时起着固定植物的作用。土生根是最常见的根的类型，常见于大部分种子植物和蕨类植物，苔藓植物会形成简单的根状结构并且多半与土壤相关。这种根能够吸收土壤中的自由水——即可以流动的水分，或者附着在土壤颗粒上的水层——通常被称为束缚水。为了能够接触到这些水分，根系不仅需要朝各个方向充分扩张，还需要在幼嫩的分枝上产生大量用于吸收的根毛（见图5.1），这些根毛会聚集在土壤颗粒之间，从中吸收水分。通过这些根毛，根系的吸收面积极大地增加。单个的根毛不会延伸很长，但是在根尖会持续生长出新的根毛，而老的根毛则会相继退化消失。

（1）向地性和向水性——很多外部的因素会影响根的生长方向，土生根非常有利于观察这些影响因素，我们在这里主要学习最主要的两类影响因素。第一个直接影响因素是重力，重力在很大程度上引导根的生长方向。当一粒种子萌发时，生长成根的部位即使刚开始朝向其他方向，但最终仍会逐渐朝向地面。植物这种对重力的感应被称为向重性。另外一个直接的影响因素是水分，根对其做出的反应被称为向水性。通过这种反应，根会被引导着朝向土壤中水分最适的方向生长。

通常，向重性和向水性对根的指向方向是相同的，因而相互之间能够增强效应；然而下面这一实验，会将两种影响因素分离。先在一个纸盒（例如烟盒）的底部钻一些小孔，然后像图5.2中那样悬挂起来，在盒子底部盖上吸墨纸。将若干已经发芽的种子的根尖穿过小孔，使得种子在纸上，而根尖穿过洞悬空着。如果使纸保持湿润状态，萌发会继续进行，但是向重性会使根尖朝下，而向水性（湿纸）则

是诱导根尖朝上。这样会导致弯曲的形态,根系受重力影响的同时又受水分影响。

如果存在主轴(主根)的话,仔细观察根系会发现,主根笔直地朝下,而分枝则朝向不同的方向。这表明根系的所有部分在应对这些影响因素时,并不完全相同。其他一些影响因素也会参与到引导根系的方向,所有根的分枝的方向就是所有因素影响的结果。从这些大量的分枝方向可以看出这些影响因素的多样性,同时整个根系系统保持着根系路径的记录。

(2)对茎的牵引——从土生根中可以观察到根的另一项特性,即对茎的牵引。当草莓的走茎在尖部开始扎根时(见图4.3),在土壤中锚定后,根会将茎尖稍微下拉到地面以下,就好像是植株已经抓紧了土壤开始稍微收缩。在园艺栽培的"压条法"中,将蔷薇的茎压弯后覆上土,也会观察到相同的现象。覆土的位置开始扎根,进而将茎拉住(见图5.3)。在很多块茎植物中都可以观察到非常明显的例子。块茎、鳞茎、根茎等,都是属于地下结构,会在土壤中掩埋得越来越深。这是由它们持续长出的幼根所导致的。这些根扎进土壤中会产生收缩,进而将块根也向地下拉深了。印度天南星的块茎结构致密,其能够快速地将自身深埋于土中,如果将幼嫩而有活力的块茎移栽到土壤较松的盆中,可以观察到这一现象。

(3)土壤胁迫——在跟与土壤的关系中,我们应当注意根在土壤中存在的风险以及根如何去应对。一些土壤可能会缺水或者缺少某种基本元素,这会导致根系延展,就好似在寻找水和营养物质。有些情况下,根系的范围变得十分宽广,接触到大面积的土壤以获取必要的供给。有时土壤中缺少热量,会影响到根系的活力。在这种情况下,可以经常发现叶片聚集在一起贴在土壤上,从而能够减少热量的散失。

大部分土壤根系需要新鲜的空气,当水覆盖了土壤后,就隔绝了空气的供给。在很多情况下,植物可以通过地面以上的部位将获取的新鲜空气输送到根部;有些植物利用茎和叶中较大的空气通道(见图5.4、图5.5、图5.6、图5.7);有些植物会生长出伸出水面的特殊根部结构,一个明显的例子就是柏树中生长出的根膝。根膝从湿地水面以下的根部生长出来,然后伸出水面以上,因而接触到空气并使根部暴露在空气中(见图5.8)。如果水位持续上涨,根膝都被水淹没,那么树就会死亡,但这并不能说明这是它们生长的首要目的。

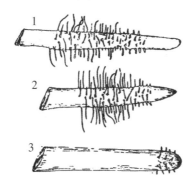

图5.1　玉米根尖上着生根毛,图中显示出根部相对生长点所处的位置,以及生长的环境介质对根毛的影响:1,在土壤中;2,在空气中;3,在水中。

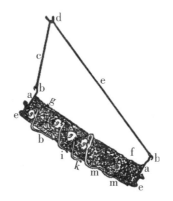

图5.2　显示水(向水性)对根的方向影响的装置。盒子末端的 a 有挂钩用于悬挂,盒子本身为圆柱体,用线穿过盒子,里面塞满潮湿的木屑。木屑中种上豌豆(g),根刚开始会朝下,直到从湿木屑中钻出后,很快又会转回来。

图 5.3 覆盆子，茎弯向土壤后开始扎根。

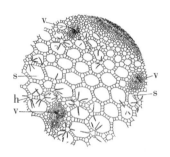

图 5.4 黄睡莲叶柄的横切面，其中有大量的空气通道(s)，水下部位因而得以获取到空气；h，附着在空气通道内部的毛状结构；v，极度退化后相对较少的维管束。

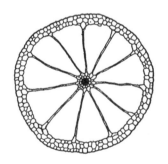

图 5.5 沟繁缕茎的横切面，表现出非常大且排布规则的空气通道，为根部提供空气。退化后的单个维管束位于中央，与较小的皮层通过薄薄的细胞层连接，其呈辐射状，如同车轮的辐条一般。

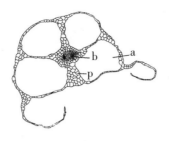

图 5.6　水韭叶片的横切面,有四个较大的气室(a),中间为维管区(b),皮层不发达。

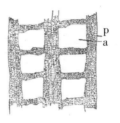

图 5.7　幼嫩水韭叶片的纵切面,可以看出图中的四个气室并不是连续的通道,而是四个垂直排布的小室。垂直排布小室内分离的细胞很快死亡后充满空气。除了帮助空气供给以外,当叶片伸展出来携带着相对较重的孢子时,气室还有助于叶片漂浮。

图 5.8　密西西比州克拉克斯代尔附近的一处湿地。中间两株柏树的主干周围环绕着一组由根生长出的树膝。

65. 水生根——如果根生长于水中,与土壤没有任何联系,会形成完全不同类型的根。漂浮于水中的茎会生长出成簇的白色细线状的根,悬浮于水中。如果水位下降,根的尖部接触到沉积的淤泥,根并不会扎进去,也不会与土壤产生任何联系。在池塘中覆盖水面的细小盘状的浮萍上,可以发现其悬浮在水中的水生根。

正常情况下生长土生根的植物,如果在水中处于合适的条件,可能会生长出水生根。例如,杨柳或者其他河岸边生长的植物与水相距很近,其中一些根系会进入水中。在这种情况下,无数的根簇会表现出它们的水生特征。有时,生长于土壤中的根系会进入排水沟,水生根会产生大量的簇生根,将水沟堵住。当风信子生长于盛了水的容器中时,水生根也会表现出这种聚集状态。

66. 气生根——在一些热带地区,空气非常湿润,部分植物可以从空气中获取充足的水分,而不需要任何的土壤或者水池。兰花在这些植物中最引人注目,几乎在所有的温室中都能见到。其根部依附在树干上,在温室中经常伸出长长的根悬挂在湿润的空气中,形成鸟巢状的结构(见图5.10、图5.11)。这类植物必须具备一些特殊的吸收和凝结结构,在兰花中,根部会长出海绵状的组织,被称为根被,能够充分地吸收空气中的水分(见图5.9、图5.11、图5.12、图5.13)。

图5.9 一株热带天南星植物(花烛),叶片宽大,有成束的气生根。

图5.10 兰花,表现出气生根。

图 5.12　一株石松蕨类(鹿角蕨)，生长于热带的气生植物。其附近为一株攀缘植物，叶片调整到朝向光照的方向。

图 5.11　兰花，图中显示出气生根及厚实的叶片。

图 5.13　卷柏，茎上悬挂着根托，叶片显示出精细的分裂。

67. 依附根——这种根将植物体固定在支撑物之上，并没有吸收能力(见图 5.15)，常见于常青藤、凌霄花等植物中。吸附根通过将细小的卷须伸入缝隙中，依附在各种支撑物上，如石墙、树干等。海藻生长出大面积的抓附结构，大部分海藻都固定在水下一些坚固的支撑物上，而躯体在水中自由漂浮。对于很多海洋中常见的海藻来说，这种保证锚定的根状结构非常重要。

图5.14　美国濒临墨西哥湾的一处橡树林,其上部生长着成片的空气凤梨,为一种气生植物。

图5.15　一片热带森林,附生植物生长出索状的固着器,像绳索一样紧紧环绕着树干。

68. 支柱根——有些根能够生长成支撑的枝干或者产生大范围的分枝。在低湿地或者热带森林中,经常能够发现树干的基部被这些从地表伸出的根所支撑,将树附近的区域划分成一系列不规则的小室(见图5.16)。茎要么倾斜,要么生长出发育不良的初生根系,伸出支柱根支撑自身,例如旋叶松(见图5.16)。榕树也是其中值得注意的例子,其生长出的大面积的分枝利用数量众多的支柱根支撑(见图5.18)。人们会经常协助巨大的榕树将支柱根扎进土壤,将

图5.16　来自印度洋地区的露兜树,近基部生长出明显的支柱根。

其作为圣树种植。根据记载,在斯里兰卡有一棵这样的大榕树,其有350个大支柱根和 3 000 个小支柱根,能够遮盖整个村庄一百多个房屋。

图 5.17 橡胶树,支柱根支撑着宽大的分枝。

图 5.18 榕树,生长出众多的支柱根。

69. 寄生——除以上提到的根以外,一些植物进化出根状的结构,用以与宿主相联系。所谓的宿主就是被其他植物或动物所寄生的植物或动物活体。寄主从宿主获取营养供给,因而必须与宿主存在合适的联系。如果寄主生长在宿主的表面,必须进入宿主体内才能获取营养物质,因此寄主有穿刺和吸收的结构。槲寄生和菟丝子都是寄生习性的种子植物,二者都有这种根状的结构(见图 5.19、图5.29)。然而,这种习性在被称为真菌的低等植物中更为广泛。很多寄生性的真菌生活于植物和动物上,常见的例子有紫丁香和其他植

物叶片上的霉菌,小麦的锈菌,玉米的黑穗病病菌等。

图 5.19　寄生于柳条的菟丝子。无叶的菟丝子缠绕在柳条上,伸出吮吸的结构刺入宿主后吸收营养物质。

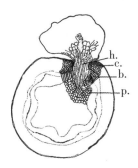

图 5.20　切面中显示菟丝子和一枝黄花的生活关系。穿刺和吸收的器官(h.)穿过皮层(c.),维管区(b.),并且破坏木髓(p.)的结构。

70. 根的结构——在低等植物(藻类、真菌及苔藓植物)中,并没有形成真正的根,只是具有非常简单的毛状结构(见图 5.21)。然而,在蕨类植物和种子植物中,根的结构较为复杂,与低等植物中的根毛状结构明显不同,所以只认为这种根为真正的根。根的结构比较统一,一般为坚硬的纤维中轴外包裹着一层较为松软的结构。坚硬的轴大部分由导管组成,用于输送物质,被称为导管轴。外围较柔软的区域为皮层,像一层厚厚的皮一样覆盖着导管轴(见图 5.27)。

根与茎不同的特点是根的分枝产生于导管轴,然后钻出皮层,所以将皮层剥离后分枝仍与轴连接在一起,而皮层上会留下分枝穿过的洞孔。显而易见,当根进行吸收时,被吸收的物质(水分中包含各种物质)首先进入皮层,然后输送到导管轴,进而向上传送到茎。

根的另外一个特点是其通过根尖的生长而伸长,而茎通常是在距离尖部一段距离的位置进行伸长。在土壤中,脆弱的生长点由一小团帽子状的细胞保护着,被称为根冠。

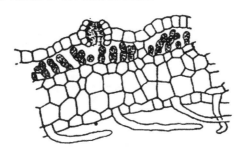

图 5.21　地钱叶状体的切面。表皮的下表面生长出毛状的结构,具有根的抓附和吸收功能;上表面可见一处烟囱状的开口,导向包含叶绿体细胞的小室。

图 5.22　荠菜根尖的纵切,可见到中间的导管轴(pl)被皮层(p)包围,皮层外为表皮(e),以及显著的根管(c)。

第六章　繁殖器官

植物的两大功能就是营养和繁殖。根据与外界的联系,前面所讨论的营养叶、茎和根都是营养器官的例子。现在我们以同样的角度,不是从繁殖的过程,而是从一些外部的联系来研究繁殖器官。

71. 营养体繁殖——没有特定繁殖器官的低等植物进化产生这种繁殖方式,但是大部分植物仍然保留了这一繁殖方式。其中一种是利用从母体分离的一部分,生长出新的植株,如草莓的走茎产生一株新的植株,或者柳条或葡萄枝种植后产生新的植株,或者土豆的块茎(一种地下茎)生长出新的土豆植株,或者秋海棠的叶片能生长出新的秋海棠。这种繁殖方式被称为营养体繁殖,不需要用到特殊的繁殖器官。

72. 孢子生殖——除营养体繁殖以外,大部分植物会产生特殊的繁殖体,称为孢子,这种繁殖方式被称为孢子生殖。这些孢子结构简单,但是有产生新个体的能力。根据亲本植株产生孢子的方式,而不是孢子的繁殖能力,可以将孢子分为两大类:一种孢子是由亲本的某些器官分化而来;另外一种是由亲本产生的两种特殊的细胞融合而产生的。尽管二者都是孢子,为了方便区分,我们将前者称为孢子(见图 6.1、图 6.4),后者称为合子(见图 6.2)。融合形成卵孢子的两种特殊的细胞称为配子(见图6.2、图6.3、图6.4)。关于这些概念,有必要就其外在联系进行讨论。大部分植物都会产生孢子和配子,但是并不是都能非常明显地观察到的。在藻类中,孢子和合子都很明显;在一些真菌中同样如此,但人们并不清楚很多真菌也会产生合子;在苔藓植物中,会产生大量丰富的孢子,但是合子被隐藏着一般不易观察到,尤其是蕨类植物;而在种子植物中,孢子(花粉粒)非常明显(见图6.5),但是合子只能在实验室中进行特殊操作时才能观察到。种子要么是孢子要么是合子,但是隐藏合子的特定繁殖体能有助于合子的产生。

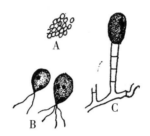

图6.1　一组孢子。A,普通霉菌(一种真菌)的孢子,极其微小,可以利用空气进行传播;B,普通藻类的两个孢子(丝藻),可以通过毛状的结构游动;C,由普通霉菌(一种真菌)产生的孢子,借助气流传播。

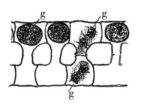

图6.2　一种常见藻类(水绵)的片段。上下两部分丝状体由中间生长的管道所连接。上部的四个细胞中,三个包含雌配子,图中标记为g,另外一个丝状体中含有配对的雄配子,下方的雄配子将会穿过管道与上方的雌配子结合,形成合子。

73. 萌发——孢子和合子都会萌发,发育形成新的植株。萌发需要特定的外部条件,主要包括温度、湿度及氧气,有时候还需要光照。在种子中可能更容易观察这些萌发条件。然而,需要理解的是,种子的萌发和孢子及合子的萌发存在一定的区别。在后一种情况下,萌发包括植株形成最起始的过程。而对于种子,萌发从被选中的合子开始,种子萌发只是其重新恢复活力的过程。换句话说,合子已经萌发产生了被称为胚的小植株,种子萌发只是植物从胚开始继续生长。

很明显对于种子萌发来说,光不是必要的条件,因为种子在光照和黑暗条件下都能萌发;然而温度、湿度和氧气显然是必要的。不同的种子对于温度的需求存在很大的差异,有些种子萌发所需要的温度要远远高于其他种子。每种种子、孢子或合子都有特定的适宜温度范围,温度过高或过低都不会萌发。两个临界范围可以被称为最低温度和最高温度,在两者之间有一个萌发的最适温度。同样,湿度需求也存在相同的现象。

图 6.3 一种普通藻类(鞘藻)的部分,表现出配子在大小和活力上的不同;较大的(o)位于球形细胞内,较小的正在进入细胞,另一个较小的细胞(s)位于细胞外。两个较小的配子有毛状的结构,能够自由游动。两种不同的配子结合后形成合子。

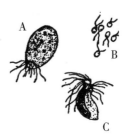

图 6.4 一组游动孢子。A,鞘藻的孢子;B,丝藻的孢子;C,木贼的配子。

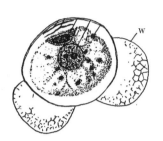

图 6.5　松树的花粉粒（孢子），发育出侧翼（w）来辅助其在空气中传播。

图 6.6　柳兰的蒴果，开放后带冠毛的种子通过风进行传播。

74. 繁殖体的传播——植物与外界的所有联系中，最突出的还是孢子、配子及种子的传播。孢子和种子必须从母体植株中离开，并且相互之间分离，避免存在营养物质的争夺；配子必须接近进而结合形成合子。一些主要的传播方式如下。

75. 运动传播——繁殖体的运动传播通过鞭毛的运动进行，鞭毛能够驱使繁殖体在水中运动（见图 6.4）。藻类中普遍存在游动孢子，藻类、苔藓植物及蕨类植物中，至少雌雄配子中的一方能够利用鞭毛游动。

76. 水中传播——繁殖体利用水流传播十分常见。很多水生植物的孢子没有运动结构，因而只能在水中漂浮。这种传播方式在种子中也十分常见。很多种子能够漂浮在水面，或者浸没在水中，从而可以被水流带到很远的地方。因此，生长在激流旁的堤岸上或者冲积平原上的植物可能来自于大洋彼岸。很多种子甚至在海水中经受长时间的浸泡后，依然能够萌发。达尔文估计，在任一地区的植物中，至少有 40% 的种子能够在海水中浸泡 28 天后仍保持活力。在洋流的平均速率下,这么长的时间足够将种子运送到千米之外,因而能够在很大范围内进行传播。

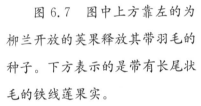

图 6.7　图中上方靠左的为柳兰开放的荚果释放其带羽毛的种子。下方表示的是带有长尾状毛的铁线莲果实。

图 6.8　一株成熟蒲公英的顶部,表现为一团毛状,少数带冠毛的种子状的果实仍吸附在花托上,有两个正在下落。

77. 孢子的空气传播——这是孢子和种子最常采用的传播方式。在大部分情况下,孢子都是小且轻盈的,能够被轻微的空气流动所传播。在真菌中,这是孢子非常普遍的传播方式(见图 6.1),在苔藓植物和蕨类植物(见图 4.1)以及种子植物的孢子散布中得到了广泛的运用。在种子植物中,这是传粉的一种方式,被称为花粉粒的孢子通过风进行散播,会随机掉落在适合萌发的位置。在这样的传播媒介下,花粉必须非常轻且为粉末状,并且要有足够的量,使其下落时就像降雨一样,从而确保能够到达合适的位置。这是裸子植物(松树、杉树等)所特有的散粉方式,当松树散落花粉时,孢子散布在空气中,在落到地面前能够被传送很远的距离。偶尔报道的"硫黄雨"就是一些很远地区的裸子植物林产生的大量花粉散播所导致的。在松树及其近缘植物中,花粉孢子在外层形成一对宽阔的侧翼来辅助其进行传播(见图 6.5)。这种类似的传粉方式——即利用气流携带花粉孢子——也为很多单子叶植物所用,例如禾本科植物;还有很多双子叶植物,例如我们最常见的树林(橡树、山核桃树、栗子树等)。

图 6.9　狗舌草的种子状果实上有冠毛,能够通过空气进行传播。

图 6.10　紫葳的有翅种子。

图 6.11　槭树的有翅果实。

图 6.12　榆橘的有翅果实。

图 6.13　臭椿的有翅果实。

图 6.14　椴树的种子,叶片形成的特殊的翅。

78. 种子的空气传播——在没有一些特殊的附属物情况下,很少有种子轻到能够被气流携带传播。很多种子及种子状果实中经常可以观察到大量且模式精美的翅和冠毛(见图6.10、图6.11、图6.12、图6.13、图6.14)。槭树及栎树果实,以及松树和梓树的种子会生长出翅。蒲公英、蓟及很多它们的近缘种的瘦果,以及乳草的种子都发育出冠毛或顶生的丛毛(见图6.6、图6.7、图6.8、图6.9)。在风比较强烈的平原或者开阔的地带,有一种被称为"风滚草"或者"草原流浪汉"的特殊植物,其形成了独特的种子传播方式。这些植物有大量的分枝,在细砂质土壤中有较小的根系(见图6.15)。当生长季节结束后,吸收水分营养的细根就会枯萎,这时植物很容易被一阵狂风吹走,然后会像一个柳条编织的小球一样沿着地表滚动,成熟的种荚会沿路撒下种子。例如在篱笆之类的障碍物前经常会看到在其顺风方向有很多风滚草。

图6.15　风滚草(俄罗斯刺沙蓬)。

图6.16　紫罗兰的三瓣荚果释放种子。

图6.17　金缕梅的果实散播种子。

图6.18　野生大豆豆荚爆裂,两瓣荚猛烈地扭曲而喷射出种子。

79. 孢子的传播——很多植物并不采用以上的任何方法进行孢子或种子的传播,而是利用包含种子的果荚的特殊结构,果荚成熟后开裂产生的力会将种子抖落。

尤其在低等植物中,很多孢子囊会不规则地爆裂,产生足够的力将孢子弹射出去。在苔类植物中有一种特殊的细胞,被称为弹丝,形成于孢子间,当孢子囊壁破裂时会释放弹丝,弹丝扭曲转动会有助于孢子的散布。

在大部分真藓中,通过推开顶部的盖子打开孢子囊,从而将边缘齿状覆盖物所遮盖的孢子囊暴露出来。这些边缘齿状的覆盖物会随着自身的湿润或干燥关闭或开启孢子囊,对孢子的释放有着重要的作用。

普通的蕨类植物中,细胞会围绕薄壁的孢子囊形成发条状的环。当细胞壁变得干燥且相对较脆时,发条环会收缩蓄力,薄壁被撕裂的瞬间,孢子会被释放出来(见图4.1)。

甚至在种子植物的花粉中,花药壁通常也会形成一层类似于发条的细胞层,当花药沿着破裂纹弯曲时辅助花药张开。

图 6.19 鬼针草果实,具有倒钩状的附属物,用来黏附在路过的动物身上。左边是果实放大后的形态。

图 6.20 金盏银盘的果实,显示出两个带倒钩的附属物,用以附着在动物身上。

80. 种子的传播——通常,种子除了会以水流、气流以及动物作为媒介以从母体植株上分离外,我们还可以注意到,在一些种子的种皮上存在特殊的结构,使种子能够进行机械传播。在这些植物中,如金缕梅和紫罗兰,果皮紧紧压在所包含的种子上,所以当果皮破裂时,种子会被弹射出去,就如同用食指和拇指挤压湿润的苹果种子时,种子会挤出去一样(见图6.16、图6.17)。凤仙花的果皮壁上会产生拉力,当果皮破裂时会迅速地卷曲并将种子弹飞(见图6.18)。喷瓜之所以称为喷瓜,是因为其遇水会快速膨胀,最终会强有力地喷射出很多种子。园艺栽培中常见的冷水花可以以相当的力度散播种子;而响盒子的果皮爆裂时会产生爆炸声,被热带森林的旅人们称为"猴子的晚餐铃"。

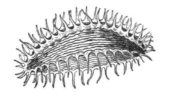

图6.21　胡萝卜种子,带有抓钩状的附属物。　图6.22　苍耳的种子,带有抓钩状的附属物。

81. 通过动物传播种子——对这一大类传播方式只能给出少数几个例子。水鸟是很好的种子携带者,泥泞中的种子可以附着到水鸟的脚和腿上进行传播。这种河岸边的淤泥中通常会充满了各种植物的种子和孢子。其中所包含的种子或孢子数超出一般人的想象。关于这一点,可以摘引达尔文的《物种起源》中的一段文字来加以说明:"一月份,我在一个小池塘的角落的三个不同点,分别从水中取一勺淤泥。这些淤泥干燥后重量约为170克;我在研究过程中,将其持续掩盖了6个月,将其中长出的每一株植物拔出并计数;长出的植物种类十分丰富,总数大概有537株;而这些淤泥只是放在了一个茶杯之中!"

水鸟一般飞行得高且远,种子和孢子可能因此而被运送到远方

的池塘或湖泊的岸边,从而得以广泛传播。

很多植物的种子或果实会形成各种抓钩状的附属物,能够附着到路过的动物上,种子因而得以传播。常见的例子有鬼针草、金盏银盘、苍耳、牛蒡等。(见图6.19、图6.20、图6.21、图6.22、图6.23、图6.24、图6.25)。

图6.23　带有抓钩状附属物的果实。图中左边为龙芽草,右边为猪殃殃。

图6.24　带有抓钩状附属物的果实。左边为苍耳,右边为牛蒡。

图6.25　牛蒡的顶部,表现出钩状附属物。

除此之外,有些果实变成浆状,吸引一些鸟类和哺乳动物食用。很多这样的种子(例如葡萄)可以经受住消化液,从动物的消化道中排出后,在适应的条件下萌发。似乎是为了引起食用果实动物的注意,新鲜的果实在成熟后一般会变得颜色鲜艳,在叶片的衬托下一眼就能望到。

82. 通过昆虫传播花粉——花粉是种子植物特殊的孢子,其传播过程被称为传粉，花粉传播的两大媒介为气流和昆虫。在前面孢子的空气传播中提到过通过气流传粉，这一类的植物被称为风媒植物。这些植物很少产生通常所认为的真花。然而，所有种子植物生长的艳丽的花，与吸引昆虫访花从而进行传粉存在一定的联系。这种昆虫与花之间的联系非常广泛并且十分重要，因此我们将单独列出一个章节进行探讨。

第七章　花与昆虫

83.昆虫作为传粉媒介——植物通常利用昆虫作为花粉传播的媒介,虫媒是单子叶植物和双子叶植物主要的传粉方式。所有常见的花都与通过昆虫授粉的方式存在一定的联系,但是一定不要误以为这种方式会一直稳定有效。花与昆虫之间的互利关系使二者关系非常紧密,双方的存在缺一不可。为了便于昆虫接触,花在各方面进行了适应性的改变,同时昆虫也做出适应性的变化。

84. 自交和异交——对于花来说,这一关系能够保证授粉的完成。花粉可能会散播到其自身的雌蕊上,或者其他花的雌蕊,前一种情况就是自交,后一种情况就是异交。异交时涉及的两朵花可能会来自于同一株植物,也有可能是相距很远的不同植株。总的来说,大部分植物更倾向于异交的方式,而花的结构通常也会保证异交的完成。

85. 对昆虫的益处——对于昆虫来说,这一关系能够为其提供食物来源。花向昆虫提供花蜜或者花粉,与花有联系的昆虫大致可以分为两类:吸蜜昆虫,以蝴蝶和飞蛾为代表;食花粉昆虫,以数目众多的蜜蜂和胡蜂为代表。当花粉作为食物时,产生的花粉量要远远超出传粉的需求量。植物通过花的颜色、味道或者外形来吸引昆虫。

需要说明的是,通过颜色来吸引昆虫的理论最近受到质疑,有实验表明,一些常见的授粉昆虫实际上是色盲,但是它们的嗅觉非常敏锐。在某些昆虫中可能确实如此,但是有足够的证据表明,大部分昆虫是通过颜色来辨别它们的食物场所的。

86. 合适与不合适的昆虫——所有偏好花蜜或者花粉作为食物的昆虫并不一定适合于传粉的工作。例如,普通的蚂蚁喜欢食用花蜜,但是它们从一棵植物走到另一棵植物的过程中,附着在其身体上的花粉有掉落的风险。大部分适合授粉的昆虫都是飞行昆虫,能够直接在空中穿梭于花朵之间。因此,我们可以观察到,植物不仅要保证有合适的昆虫的拜访,还要将不合适的昆虫拒之门外。

87. 自交的风险——通过虫媒授粉的花还面临另外一个问题。对于植物来说,如果异交比自交更加有利,那么就应当尽量避免自交的发生。由于雄蕊和雌蕊一般会在同一朵花中紧密相连,很多花会一直有自交的风险。对于那些雌雄异株,或者雌雄异花的植物来说,风险会大大降低。

88. 授粉过程中的问题——在大部分通过虫媒授粉的植物中,主要存在三类问题:①防止自交;②确保合适昆虫的光临;③防止不合适昆虫的访问。不要认为所有花都能成功解决这些问题。虽然会经常失败,但是所有为成功所付出的努力都是值得的。

89. 防止自交——显然,只有那些雌蕊和雄蕊生长在一起的花才会存在这种风险,雌蕊和雄蕊分离到不同的花中,被认为是一种防止自交的方式。为了理解所有情况下花的排布方式,在此有必要解释一下雌蕊并不会无区别地接收其表面所有的花粉。雌蕊中存在一个特定的组织区域,称为柱头,花粉必须落在柱头上才能行使功能。柱头通常位于雌蕊从子房(雌蕊的球状部位)伸出的长柄状花柱的末端,有时可能会在花柱的侧面。当柱头准备好接收花粉时,表面会分泌有甜味的黏液,用来吸附花粉且为其提供营养。这种情况下,柱头

已经成熟,花粉成熟后也会从花粉囊中散落下来。花的器官同时包含雄蕊和雌蕊时有很多避免自交的方式,但大部分属于以下三类:

(1)形态——有些植物的花粉和柱头同时成熟,但是它们彼此相对的位置或者构造使花粉不能落到柱头上。柱头可能会位于花粉囊之上,或者二者被隔离开,从而形成一些不规则的花。

在毛洋槐及其近缘种的花中,单个雌蕊和多个雄蕊聚集在一起,包裹在花的龙骨瓣内。柱头顶生,超出花粉囊散落的花粉所能接触的范围。同时在柱头下方包被着莲座状的刚毛,从而作为阻挡花粉的屏障(图 7.1)。

在鸢尾属植物中,每个雄蕊都处于花瓣和花瓣状的花柱形成的囊中间,而花柱将柱头表面伸出所形成的囊之外。通过这种排布方式,在不凭借外力的情况下,花粉不可能接触到柱头。

兰花以其奇特而美丽的花朵来引人注目,其通常有两个花药,柱头表面缩在二者中间。然而在这种情况下,花粉粒不是干燥的粉状,而是相互吸附聚集的,只能被外力从花药中掏出(见图 7.2)。乳草的花粉也是这种类型。

(2)成熟期差异——这种情况下,一些花的花粉和柱头是不会同时成熟的。这明显是防止自交非常有效的方式。当花粉落下时,柱头还未准备好接收,或者柱头准备接收花粉时而花粉尚未成熟。有些植物中花粉会提前成熟,有些植物中则是柱头先成熟,前一种情况被称为雄蕊先熟,后者为雌蕊先熟。这是防止自交非常常见的方式,通常会呈现一定的规律性。

以玄参科植物作为雌蕊先熟的例子。当花开放时,花柱顶端的柱头从瓮状的花冠中伸出来,四个雄蕊蜷曲在花瓣形成的管中,还未准备好散落花粉。一段时间后,花柱便会枯萎,而雄蕊则会伸直从花管中伸出。这样,可接受花粉的柱头和散落花粉的花药先后占据相同的位置。

雄蕊先熟的现象更为常见，我们可以观察到很多相应的例子。例如，柳兰艳丽的花在开放后会展现出八个雄蕊，而花柱弯曲折叠着，避免其上的四个雌蕊接触到散落的花粉。随后，雄蕊弯曲，而花柱会伸直并展开其柱头，准备好接收花粉（见图7.4）。

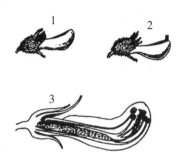

　　图7.1　毛洋槐的花，1中显示出花蕾从多毛的花萼中伸出，其他图中进一步显示出将部分花冠移除后的样子。在3中可以看到雄蕊和雌蕊。如2中所示，花瓣为访花的蜜蜂提供着陆点，蜜蜂的重量压在花瓣上，使花丝顶部伸出。花丝的顶部着生着花粉，当触碰到昆虫身体时，会附着在其上。如果昆虫之前访问过其他的花，柱头会首先接触到昆虫，有很大的概率接收一部分花粉。在3中可以看到，蜜腺位于雄蕊的基部。

　　图7.2　鸢尾花的部分。展示的单个雄蕊位于雌蕊的右边，花柱位于左边。花柱近端部的柱头向右延伸，而柱头必须通过上表面接受花粉。花蜜位于雌蕊和雄蕊的结合处。当昆虫采集花蜜时，会拂拭到雄蕊含有花粉的部位，花粉便吸附到昆虫躯体上。在访问下一朵花的时候，昆虫可能会接触到柱头。

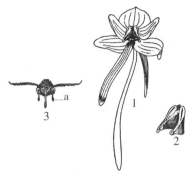

图7.3　玉凤兰的花朵。1中展示出完整的花朵，三个萼片在后，三个花瓣在前，最下方的花瓣生长成长条带状，以及一个更长的刺状花瓣。长刺状的花瓣底部为花蜜，飞蛾能够利用较长的喙管吸取花蜜。单雄蕊的两个花药位于花的中央，分枝朝下，柱头表面在其间展开。花药和柱头表面的关系在2中能更加清楚地加以展示。花药中储藏着黏性的花粉团，末端是黏性的原盘。当飞蛾将其喙管伸入花蜜管中后，头部会抵在柱头和原盘的表面。当飞蛾移动头部时，原盘紧紧黏住其头部，花粉团就会被拖出。3中显示出一个花粉团黏在飞蛾的眼部。当飞蛾访问下一朵花时，花粉团就会掉落在柱头表面，从而完成传粉。

图7.4　柳兰的花，表现为雄蕊先熟。1中雄蕊向前伸张，而花柱则朝下弯曲。2中花柱朝前展开，花柱侧向展开。当一个昆虫从1到2，很有可能会将1中的花粉传到2中的柱头。

（3）花粉差异——这种情况下，植物至少存在两种形态的花，在雄蕊和花柱的长度上存在差异。从北美茜草（见图7.5）中可以看出，在一朵花中雄蕊较短,包含在花瓣之内,而花柱较长,四个柱头从花瓣管中伸出暴露在外。而在另一朵花中,长度则刚好相反,花柱变短而包含在花瓣管内,雄蕊较长而伸展在外。似乎较短雄蕊的花粉在较短雌蕊上的作用更加明显,较长雄蕊的花粉在较长雌蕊上的作用更加有效,一朵花中的花粉必须从另外一朵花中寻找合适的柱头。这意味着短雄蕊和长雄蕊的花粉存在一定的差异。

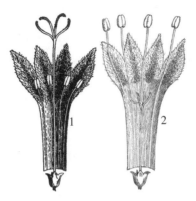

图 7.5　北美茜草,呈现出两种类型的花。1 中的花为短雄蕊和长花柱;2 中的是长雄蕊和短花柱。昆虫访问 1 中的花后,身体的前部会携带一团花粉,在访问 2 中的花时,花粉团会摩擦到柱头上,同时又会携带花粉,再访问与 1 中相同的花,又会将花粉传递到柱头上。

在有些植物中存在三种形态的花,例如千屈菜。每朵花的雄蕊和雌蕊有两种不同的长度,会产生三种不同的组合。一种花含有较短的雄蕊和中等长度的雄蕊及一个长花柱;另一种花含有短雄蕊,中等长度的花柱和长雄蕊;第三种花为短花柱,中等长度的雄蕊和长雄蕊。在这些例子中,柱头也倾向于接收相同长度的雄蕊的花粉,因而不同花之间非常有必要进行花粉传递。

90. 自花授粉——虽然有以上三种防止自交的方式,但这并不意味着植物中不存在自交。自花授粉实际上要比人们一度所认为的更加普遍。调查发现,除了色彩艳丽、虫媒授粉的花以外,很多植物生

长的花并未显现出来,花朵实际上没有开放,因而通常不会非常明显,例如紫罗兰。由于这些花通常处于闭合的状态,将它们称为闭花授粉植物。这些植物会进行自花授粉,而且人们发现这种方式能够非常有效地产生种子。

91. 丝兰和丝兰蛾——毫无疑问,虫媒授粉对很多花的自交也会产生适应性的影响,而且通常都是由于昆虫本身导致的。但是在丝兰和丝兰蛾这一特殊的例子中,植物完全通过昆虫进行自交(图7.6)。丝兰是北美洲西南干旱区域植物,丝兰蛾为一种蛾类,二者非常相互依赖。丝兰的钟形花在枝末端大量簇生,花中悬挂着六个雄蕊,中间的子房纵向具棱状,子房的轴心为漏斗状的柱头。子房室内成行着生着大量的胚珠。白天,较小的雌丝兰蛾在花内安静地休息,但是在傍晚的时刻变得非常活跃。它向下到雄蕊部位,前足从开放的花药中挖出较黏的花粉,然后携带着花粉团继续向下到子房,横跨在其中一个子房室上,利用产卵器穿透子房壁,将卵产在胚珠上。产完一些卵后,雌丝兰蛾到子房的轴心,将它收集到的花粉团压入漏斗状的柱头内。丝兰蛾重复着这套动作,直到产出很多的卵,同时丝兰的雌蕊也能有效地受精。通过这种方式受精后,形成的种子为丝兰蛾的幼虫提供了充足的食物,当幼虫成熟后,便咬穿果壁从中钻出(图7.6)。

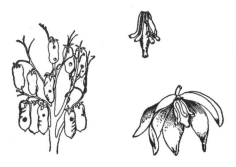

图7.6 丝兰和丝兰蛾。右下方的图展示的是一朵开放的花,子房下垂,柱头区域处于尖端。右上方的图表示的是丝兰蛾采集花粉。左图是丝兰上由丝兰蛾幼虫形成的成簇的蛹。

92. 保证异花授粉——为了使合适的昆虫传粉，花采取了多种多样的适应性改变。昆虫在采集花蜜或花粉作为食物的过程中，身体的某个部位会携带花粉，在访问下一朵花时，携带花粉的部位会与柱头接触。前面描述花防止自交的方式，同时也是表示保证异花授粉的很好的例子。

我们可以发现在豆科植物的花中，例如毛洋槐（见图 7.1），雌蕊和雄蕊隐藏在龙骨瓣内，为传粉的蜜蜂提供了天然的着落点。龙骨瓣嵌合在一起，当昆虫的重量向下压时，花柱的尖部会与蜜蜂的躯体接触到。除了花柱之外，花柱之下的雄蕊也会摩擦到昆虫躯体，使得花粉附着在昆虫身上。蜜蜂在访问下一朵花的时候，柱头有可能会接收到蜜蜂从前一朵花上获取的花粉，同时蜜蜂又会携带新的花粉。

常见的鸢尾花（见图 7.2）中，花蜜集中于花柱和花瓣形成的小室底部。雄蕊位于所形成的小室内，或多或少会被翼瓣遮盖，而柱头形成于翼瓣的上表面。当昆虫挤进狭窄的小室内后，身体会沾上花粉，在访问下一朵花推开柱头盖时，可能会洒落一些在前一朵花中获得的花粉。

兰花的传粉过程甚至更加复杂（见图 7.2）。以普通的兰花为例，传粉的详细过程如下：两个花粉团着生于黏性的圆盘或纽扣状的结构上；在这中间伸展出表面凹陷的柱头，柱头基部为开放的锥状通道，其中含有花蜜。这样的花适应于大型的蛾类，其拥有较长的虹吸式口器，能够伸入到管道的底部。当飞蛾将口器伸入管道中时，头会接触两边的黏性纽扣状结构，所以当飞蛾飞走时，纽扣会黏在其头上，有时会直接黏在眼睛上，同时花粉团也会被携带走。当飞蛾去采集下一朵花的花蜜时，花粉团会接触柱头。

在另外一种兰花——构兰中，花部形成一个醒目的囊袋（见图 7.7），其中储藏着花蜜。在囊袋的开口处，悬挂着一个特殊的盖状结构，其下为两个花药，中间为柱头表面（见图 7.8）。当蜜蜂挤入囊

图 7.7 一丛杓兰,展示植物的习性和花的大致结构。

传送到另一朵花的柱头上。兰花中也明显存在如同在柳兰中雌蕊先熟的情况。

在北美茜草(见图 7.5)中,花药和柱头的高度不同,当昆虫访问花朵时,躯体会塞满管道而凸起。在访问相同类型的花时,昆虫的一些部位会沾上短花药的花粉,而另一些部位会沾上长花药的花粉。这样,昆虫将会携带着两种花粉,与相应的柱头接触。对于存在三种形态的花,就如前面提到过的千屈菜的例子,昆虫会接收到三种花粉,每个对应着相应的柱头。

中后,会被囚禁在里面(见图 7.9)。蜜蜂采集的花蜜位于囊袋的底部(见图 7.10)。当蜜蜂逃脱时,会爬向出口悬挂的盖子,这时,蜜蜂首先会触碰到柱头表面(见图 7.11),随后是花药,会使其背部沾上花粉(见图 7.11)。在访问下一朵花时,会将一些花粉擦拭到柱头上,同时带走更多的花粉为其他的花传粉。

如果像玄参科植物一样发生了雄蕊先熟,处于两种不同状态的花可以利用昆虫进行传粉,由于散粉的雄蕊和接受花粉的柱头处于相对一致的位置,一朵花中的花粉会被

图 7.8 杓兰的花,囊袋的开口处悬挂着盖子,蜜蜂需要挤着才能进入囊袋。右边的小图展示的是盖子的侧视图;左边的是盖子的仰视图,可以看到两个颜色较暗的花药,及中间靠下(靠前)的柱头表面。

图7.9　一只蜜蜂被囚禁在杓兰的囊袋中。

图7.10　蜜蜂在杓兰的囊袋中采集花蜜。

图7.11　蜜蜂从杓兰中逃脱，接触到柱头。再向前一点儿，蜜蜂会触碰到花药且沾上花粉。

图7.12　一只蜜蜂从杓兰的花瓣袋中逃离时接触到花药。

93.阻拦不合适的昆虫——被肯纳（Kerner）称为"不速之客"的昆虫就是蚂蚁。植物为了减少这些昆虫的造访会做出一些适应性改变，主要如下：

（1）表皮毛——用来阻碍蚂蚁及其他爬行昆虫的常用方式，是茎、花穗或者花内的障碍物。

（2）腺体分泌物——在一些情况下，植物表面会分泌黏性的分泌物，能够有效地阻挡较小的爬行昆虫。在一些捕虫草中，每个茎节都环绕着一圈黏液。

（3）隔离——一些植物的叶片会在茎上形成储水囊。因此，爬行昆虫必须要穿过一系列这样的储水囊。起绒草就是一个很好的例子，倒生的叶片在基部联合在一起，形成一串杯状结构。水塔花中能够产生更多的储水囊，有时被称为"旅人树"，其大量的花簇被莲座分

布叶片形成的储水囊保护,避免爬行昆虫进入。

(4)乳胶——在一些植物中发现能够分泌乳状分泌物,例如马利筋。橡胶就是由一种热带树的乳胶分泌物制造而成。当乳胶暴露在空气中时会马上变得黏稠而具有黏性,最后变硬。在很多分泌乳胶植物的花簇中,茎的表皮非常光滑细致,蚂蚁和其他爬行昆虫在光滑的表面探寻落脚点时,很容易划破表皮。不论何处的表皮被划破,都会涌出乳胶,乳胶滴会快速地包裹住昆虫凝结变硬。

(5)保护形态——在一些情况下,花的结构能够防止一些小型爬行昆虫接触花粉或者花蜜。在金鱼草中,两片唇瓣紧密地贴合在一起(见图4.30),只能够被一些躯体较重的昆虫打开,例如大黄蜂落在伸出的下唇瓣上,会使得唇瓣分离,这样所有较轻的昆虫都被拒之门外。钓钟柳属的很多植物中,花中的一个雄蕊不会产生花药,但会像棍棒一样横跨在分泌花蜜的凹槽之上。这样留下的缝隙只能允许飞蛾或者蝴蝶的口器通过,而爬行昆虫则不能通过。在不同的花中可以观察到大量类似的适应性结构。

(6)保护性闭合——一些植物在一天的某些时间段内,首要的威胁来自于爬行昆虫,为了避免这些爬行昆虫的到访,其花瓣就会闭合。举例来说,夜来香会在黄昏时开放,在凝集露水后,蚂蚁便不能攀爬,同时也保证了夜蛾的访问。

除此之外,我们仍然能够观察到其他无数种植物阻碍不合适昆虫访问的方式,以上所给出的仅为部分例子。

第八章　植物个体所处的关系

　　将前面各章节中详细描述的植物生命关系,应用于单个植株更易于理解。我们以一株普通的种子植物为例,从种子萌发开始,跟随植物的生命历程,在这一过程中,我们可以很确切地了解到植物与其外部世界所存在的关系。

　　94. 种子萌发——种子萌发过程中最需要的是一定的湿度和温度。为了保证达到最适宜的条件,无论是在土壤之上,还是被湿润且保温的残骸覆盖,还是嵌入土壤中,种子通常会与土壤有着紧密的联系。同温度和湿度一样,空气(提供氧气)也是维持生命的基础物质。因此,与萌发的种子需求有关的,不仅要提供有利的湿度和温度条件,还要保证空气流通。

　　95. 根的朝向——在幼胚中,首先从种子中生长出来的轴尖将会发育成根部系统。根部一旦生长出来就会表现出对重力(向地性)和水分(向水性)影响的敏感,无论根刚生长出来时的朝向如何,根部都会发生弯曲使根尖最终扎进土壤(见图 8.1a)。当初生根穿透土壤后,会继续向下茁壮生长,表现出很强的向地性,然后形成主根,其上又生长出侧根,侧根朝向会更容易受到其他外部因素的影响,尤其是水分。通常,土壤中的成分并不会完全一致,与不同物质的接触会引起根部的弯曲,各种因素综合起来最终会导致根系变得错综复杂,而这十分有利于水分的获取和吸收。

96. 茎的朝向——随着茎尖摆脱种皮或种壳的束缚生长出来,茎会表现出对光照影响的敏感(向光性),会被引导着朝向光照方向生长。与向光性相反,茎朝着远离光照方向生长的现象被称为负向光性。如果主茎持续生长,会持续表现出强烈的负向光性,但是分枝可能会表现出从负向光性到横向向光性的各种变异;横向向光性为茎朝着光照的方向横向生长。在一些植物中的特定分枝,例如匍匐枝,会表现出很强的横向向光性,而其他的分枝,例如根茎等,表现出很强的横向向地性。

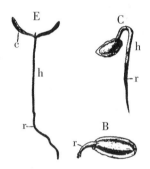

图8.1a　金钟柏(崖柏,属种子的萌发。B中显示出生长出来的胚轴(r),将会生长形成根,其正转向朝着土壤。C表示的是随后的生长阶段,根部(r)已初步形成,胚芽弯曲,正准备生长出子叶。E表示的是完全摆脱种子的幼苗,根部(r)伸进土壤,茎(h)直立,第一片叶(c)水平展开。

97. 叶片的朝向——一般直立茎上的叶片都是横向朝着光照方向;如果有必要的话,叶片或者茎也会弯曲,使叶面处于这种位置。节间的伸长、叶片的着生方式,以及叶片的朝向等,能够有效地将叶片之间遮蔽的影响降到最小。

一般营养关系的大致情况就是,根部处于易于进行吸收的位置,

叶片处于有利于光合作用的位置。

图 8.1b 青刀豆的萌发。幼苗的茎在地表弯成拱形,使子叶和胚芽从种子中挣脱出来,最终茎直立且幼叶伸展开来。

98. 花的着生——似乎花需要在充分裸露的位置才能最好地完成其使命,因而花大部分都出现在茎和分枝的顶端,这能够有效地促进花的受粉和种子传播。因此,花一般都大规模地暴露在外,不是这样的话,单个的花朵会比较偏大并且非常显眼。花中还存在很多结构起到以下的作用:保护花蜜和花粉免受水分的危害,以及免受冷害;保证合适的昆虫采蜜,将不合适的昆虫拒之在外,以及进行种子的传播。

99. 枝芽——在每年的生长季节,可以观察到乔木或者灌木会生长出枝芽(见图 4.21)。这对于温带地区的植物来说,有助于避免生长点在寒冷季节遭受冻害。枝芽的节间不会伸长,因此叶片重叠在一起,产生微量或者不产生叶绿素,因此叶片表现为鳞片叶。有些植物会形成表皮毛,或者分泌黏液及树脂,来增强鳞片叶对生长点的保护作用。

第九章　生存竞争

100. 定义——就植物而言,"生存竞争"意思是植物通常不可能一直维持着理想的状态,必须面对不利的条件。植物可能难以获得适宜的光热条件,及营养物质等。曾经非常良好的条件可能会变为不利的条件。同时,多种植物试图占据同一环境。所有的这些都会导致所谓的"竞争",获胜的植物要远少于被淘汰的植物。在学习植物群落的组织前,了解一些环境可能发生的变化及这种变化对植物产生的影响,将会对后面的学习有所帮助。

101. 水资源减少——这可能是植物生存环境中波动最大的因子。在溪流池塘的边界,以及湿地区域,我们很容易能注意到水量的变化,但是土壤中的水分通常也会发生同样的变化。然而,在这里所指的水资源的变化主要是永久性的,这迫使植物不仅仅要克服干旱,还要永久地应对水分短缺的问题。

在池塘边缘的浅水区,经常能够看到芦苇、香蒲、芦草等植物。由于这些植物生长得非常紧密,与周围的陆地相分离,这些植物数量积累到一定程度后,水中没有更多的空间可供植物生长,芦苇及其相关的植物可使用的水资源会明显低于最适量。如此,这些湖的边缘地区的水逐渐被消耗,植物可以使用的水资源会逐渐消失。通过这

种类似的过程,小湖逐渐转变成沼泽,然后沼泽又成为干燥的土地,这些不利于水分供给的改变会威胁到很多植物的生存。

同时,人类的活动也会很大程度上影响植物使用的水资源。广泛使用的灌溉系统会为人类耕作的植物带来有利的水分供给,但是会使其他植物处于非常不利的处境。毁坏森林也会有同样的结果。森林的土壤就像海绵一样,善于接收并保持水分,稳定地维持着从中起源的溪河的水流。森林被移除后,土壤便失去了这种能力。水分不再是被固定住后逐渐流散出去,而是以洪水的形式汹涌而出。因此,从这些被清除后的地区流出的河流,要么是洪水泛滥,要么就是干涸。这会导致植物可获得的水资源总量大大减少。

102. 光照减少——我们经常可以观察到,高大茂盛的植物遮蔽着下层植物,严重影响下层植物可获得的光照。如果遮蔽下层植物的茂密植被只是暂时的,下层的植物可能会长高,从而避免被遮盖;但是森林中生长的遮盖植被层会一直存在。在落叶阔叶林中,树木在秋季凋零,在春季复苏,在早春之前有一个间隔的时期,在叶片完全生长出来之前,下层植物能够获得充足的光照(见图9.1)。在这里,人们可能会发现在春天有大量的花,而在随后的季节中就只有很稀少的下层植物了。所有森林遮蔽的效果不尽相同,也会存在"光照森林",例如橡树林中可以允许很多下层植物的生长;同时也有"阴暗森林",例如山毛榉林,只存在很少的下层植物。

然而,在热带的森林区域,由于树木常年保持绿色而没有落叶的习性,因此会对森林下层保持永久的遮蔽。在这种环境下,植物普遍进化出攀爬的习性。

103. 温度的变化——在热带地区以外,每年温度的变化是影响植物生命的一项重要因素,植物所处的温度可能存在多种情况。然而,在追踪植物的历史到所谓的"地质年代"时,我们发现温度发生了十分显著的变化。地球表面时常发生的冰河时期,会导致温带地区

图 9.1 一种春季常见的植物(山慈菇),生长于落叶林。图片左下角表示的是,地下鳞茎在地表上生长出宽大且斑驳的叶片和显眼的花朵,在图中可以看到花瓣、雄蕊和雌蕊。

甚至热带地区变得极度寒冷。如此突出的气候变化明显会对植物生命产生极其重大的影响。

104. 土壤成分的改变——大陆冰川的运动是对土壤成分影响最广泛的因素之一,冰川中包含着非常丰富的土壤物质。偶尔暴发的洪水可能会夹带着新的沉积物,从而改变所能到达区域的土壤成分。强烈的盛行风使大量沙子形成波浪状的流动沙丘,并且经常侵占其他地区。除了这些自然因素会导致土壤特征发生改变以外,各种人类的活动也会有影响。开荒、排水、施肥,都会影响土壤中化学成分和物理性质的特征。

105. 动物毁坏——动物的破坏是影响很多植物生命的一项重要因素。例如,食草动物会大规模破坏植被,并且可能会严重影响一个区域植物的生存。众多取食叶片的昆虫能够频繁地对植物造成大范围的破坏。很多穴居动物会破坏植物的地下部位,从而严重干扰这些动物所占有区域内的植物。

前人已经指出过很多植物应对这些破坏所采取的保护措施,但是相关的内容很大程度上被夸大了。茸毛、刺、荆棘等附属物的出现,可能会减少一些动物的侵扰,但是不能草率地下结论,认为这些保护性的措施是由于这类干扰而产生的。通过这种方式保护最完善的植物之一就是仙人掌科的植物,这类植物主要生长于美国西南部和墨西哥的干旱地区。在这样的环境中的多汁植物非常珍贵,刺和鬃毛组成的"盔甲"毫无疑问会减少破坏量。

除此之外，一些植物或植物的某些特定部位产生的辛辣或者苦味的分泌物也可以避免动物的侵害。

106.植物竞争——在植物所占据的区域内，植物之间很明显会存在竞争，那些使用资源最为接近的植物之间会成为最激烈的竞争对手。例如，大量的橡树幼苗可能会同时在一片区域内生长，个体之间肯定会产生激烈的竞争，因而最终只有其中的少数能够长久地生存下来。这种竞争为相同物种间的个体竞争；但其他种类的树木，例如山毛榉，可能也会与橡树竞争，从而形成另外一种竞争形式。

植物竞争的最终结果是，成功占领一片区域的植物都倾向于存在不同，一个植物群落通常由植物界中各类具有代表性的植物所组成。有时候可以说，任何发展得很好的植物群落，都是植物界一个很好的缩影。

植物竞争中，一个为人所熟知的例子就是杂草的竞争性。众所周知，当庄稼地不经常管理时，那些杂草就会快速地入侵，进而影响耕种作物的生长发育。

107.环境适应——当植物生存的环境中发生以上提到的变化，并且变化的程度严重到使得环境条件不利于生存，会导致植物出现以下三种情况：适应、迁徙或者灭绝。

如果环境条件的变化足够缓慢，植物能够长时间地承受这些变化，最终使自身适应新条件。这样的适应可能会涉及结构的改变，面对极端、突然并且持续时间相对较长的环境变化时，不可能有任何植物的可塑性能够达到快速适应的程度。像水芹这类水陆两栖的植物，能够同时在水中或者陆地上生存，并且不需要发生结构上的变化，但是这属于植物的耐受力而不是适应能力。然而，很多植物能够逐渐过渡到不同的环境下生存，例如更加干旱的土壤、密集的树荫等，同时可以注意到，这些植物会发生相应的结构变化。但是，通常这样的区域很容易被那些更加适应这种环境的植物入侵，导致原本的植物没有机会调节自身来适应新环境。尽管植物的适应性是由于环境变化所导致的结果,但这绝不是最常见的结果。

108. 迁移——植物也会像动物一样发生迁移,这是环境变化导致的最常见的结果。当然,植物的迁移是通过一代一代的传播来进行的。但是,各种障碍因素会加以阻止,因此这种迁移方式并不是通用的。一般来说,这些障碍因素是指不利于生存的条件。如果一片植物生长于肥沃的土壤上,周围是贫瘠的土壤,那么后者就会形成一道有效的屏障,阻碍植物的迁移。低谷地区的植物不能跨越山峰来躲避不利的环境。因此,要实现植物迁移必须在某一方向存在有利于迁移植物生存的环境条件。例如,芦苇、香蒲等植物生长于湖泊的浅水区,湖水的减少会不利于它们的生存。这时,这些植物会向湖泊内迁移。如果该湖泊较小的话,湖水终会有消耗完的一天,到最后这些植物不可能再往别处迁移了。

在冰河时期,很多寒带植物向南迁移,尤其是沿山脉分布的植物,很多高山植物移到了低地。当恢复温暖气候后,很多迁移到南方的植物重新返回到北方,寒带和高山的植物也退回到北方或者山区。植物历史上充满了迁移的过程,以此来与环境变化抗争,并且朝着各个条件允许的方向迁移。最后,需要注意的是,迁移的过程往往也会导致植物结构的改变。

109. 灭绝——这是目前为止由于剧烈的环境变化导致的最普遍的结果。即使植物使自身适应了改变的环境,或者通过迁移生存下来,但是它们的结构可能发生了巨大的变化,甚至与本来的形态完全不同。就这样,旧物种逐渐消失,新物种取代旧物种。

第十章　植物营养

110. 生理结构——在前面的章节中,植物被参照于其周围的环境来进行研究。我们观察到各种营养器官均与生命维持有关,但关键是要探索这些关系对植物生命的意义。立足于植物生命关系来研究植物被称为生态学;而关于植物生命进程的研究则称为生理学。这两种研究方向或许可以通过类比人类研究的方向进行阐明。对于人类研究,可以从一个人的亲友及他生活的国家特征来研究人的社会关系,也可以研究人体的身体机能,例如消化、血液循环、呼吸等。前者对应于生态学,后者对应于生理学。

前面所有提到过的生态关系,即在生命进程中的生命关系,在植物生理过程中都找到了其意义。植物生理学是一项非常复杂的课题,在基础研究工作中仅仅只能描述一些普遍的现象。植物运动的特定现象,作为重要植物生理研究的方向之一,在前面讨论生命关系时已经提到过,但是似乎有必要对营养方面做出一些专门的讨论。

111. 叶绿素的重要性——观察植物营养成分时,最明显的现象可能是一些植物是绿色或者有绿色的部位,而其他植物,例如伞菌,并没有绿色。前面已经说过,由于一种所知的绿色物质——叶绿素的存在,而使得植物表现出绿色(见图 2.12)。因此,所提及的两种植

物可以分为：①绿色植物；②不含叶绿素植物。由于叶绿素的存在，才使得植物能够利用水和土壤中的养分，以及气体等物质实现自给自足。因此，考虑到植物的能量供给，绿色植物可能可以完全独立于其他所有生物。

然而，不含叶绿素的植物则不能利用这些物质生产营养物质，必须从其他动植物体内来获取营养物质，动物也是如此。很明显，不含叶绿素的植物要么从植物和动物的活体中获取营养——这种情况下称之为寄生；要么从动植物身体衍生出来的物质获取营养——这种情况下称之为腐生。例如，在活体小麦的叶和茎中发现的侵害植株的锈菌就是寄生，而腐败的面包上生长的霉菌就是腐生。一些不含叶绿素的植物以寄生或腐生的形式生存，而其他植物通常只能以一种方式生存。目前寄生和腐生植物大部分都属于真菌类，当提到真菌时，必须要清楚它是数目最大的不含叶绿素的植物。

112. 光合作用——绿色植物中的代谢过程与其他植物相同，除此之外，绿色植物中存在一种特殊的代谢过程，即光合作用（见第三章）。在有叶片的植物中，有主要的器官负责这一功能。然而，必须牢记的是，叶片并不是光合作用所必需的，对于没有叶片的植物，例如藻类，也能进行光合作用。光合作用的关键在于能够被阳光照射到的绿色组织，但为了简述这一部分，仅考虑生长在土壤中枝叶茂盛的植物。

由于叶片是光合作用的功能结构，需要的原料必须都要运输至其位置。一般情况下，这些物质主要是二氧化碳和水。气体充满于周围环境，因而叶片能够接触气体。气体也会溶解在土壤中的水中，但其主要是在空气中被叶片吸收，进而被加以利用。另一方面，土壤中生长的植物主要从土壤中获取水分。根系系统吸收水分，然后运输到茎，进而分配到各叶片。

（1）水分的极性运输——水分不是通过茎干的所有部位来向上

运输,而是通过特定的区域来进行。这一区域很容易被辨认出来,为茎的木质部位。这种纤维状的被分离开的木条有时沿着茎纵向分布;有时这些纤维条非常紧密地包裹在一起形成紧凑的木质块,如在灌木或树木中。大部分树木,每年都会形成新的木质部,水也随之运输。因此,树的边材和心材区别非常明显,前者能够运输水分,而后者则不是。至于水是如何通过这些木纤维向上运输,尤其是在特别高的树中,则是需要进一步研究的问题,现在还未完全清楚。无论如何,需要明确的是这些木质的纤维与动物体内的动脉和静脉并不相同,也不存在"血液循环"。这些木质纤维条在整个叶中分布,形成所谓的管道系统,这些管道形成从根到叶的连续的通路。

我们可以通过一个简单的实验来证明水通过茎向上运输,以及所利用的途径。如果将有活力的茎割断后浸入混有伊红的苯胺染料(最普通的红色墨水通常是伊红染料的溶液)水分的向上运输会留下其印迹。经过一段时间,水向上运输一定距离后,染料印迹就可以指示出茎在运输过程中所使用的部位。

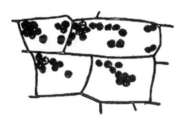

图 10.1　网纹草叶片的叶肉细胞,细胞中有叶绿体。

因此,一般情况下,二氧化碳在空气中被叶片直接吸收,水分在土壤中被根系吸收,通过茎向上运输至叶。一个有趣的现象是,这些原料在大部分生命过程中不能被吸收利用,因此都是普通的代谢废物。这些物质在光合作用中能够被利用,说明光合作用是一项非常重要突出的生命过程。

(2)叶绿体——在初步了解光合作用的原料及其来源后,有必要进一步考虑进行这一功能的植物机制。在有活性的叶片细胞中发现,叶片的绿色是由于微小的绿色体的存在而导致的,也就是所知的叶绿体(见图10.1)。叶绿体由有活性的原生质和绿色的叶绿素组成,因此,每个叶绿体都是单独的有活性的绿色机体(质体)。光合作用就是在这些叶绿体中完成的。叶绿体必须从外界获得能量供给来完成功能,而自然界中的能量来源就是光照。绿色的物质(叶绿素)似乎是用来从阳光中吸收必要的光能,然后利用这些能量来进行光合作用的。因此,光合作用很明显只在有光照的条件下进行,而在夜间就完全终止。目前已经发现,任何强烈的光照都可以替代阳光,并且观察到植物在电光下也能进行光合作用。

(3)光合作用的产物——对这一功能的产物仅能进行简要的阐述。二氧化碳由碳和氧两种元素以一比二的比例组成,水由氢和氧两种元素组成。在光合作用中,组成这些物质的元素之间相互分离,并以一种全新的方式重新组合。在这一过程中,植物释放出一定量的氧气,其与所吸收的二氧化碳的量相一致,同时生成一种新的物质,被称为碳水化合物。从植物中释放的氧气可以被理解为光合作用的废弃物。需要注意的是,这一过程产生的外部变化是二氧化碳的吸入与氧气的释放。

(4)碳水化合物与蛋白质——碳水化合物是一类有机化合物,即在自然界中由生命过程产生的一类物质。如蔗糖和淀粉都是同一类物质,都属于碳水化合物;碳水化合物就是由碳与水相同比例的氢和氧组成的物质。因此,光合作用的功能就是产生碳水化合物。像蔗糖和淀粉一类的碳水化合物仅代表一种食物的类型。蛋白质则是另外一种重要的类型,蛋白质同碳水化合物一样,包括碳、氢、氧,但是也包括其他元素,例如氮、硫及磷。鸡蛋的蛋清就是一种蛋白质。蛋白质可能是由碳水化合物加工而来,氮、硫等必要的附加元素是来自土壤中的一种能溶解于水的物质,而含有这些物质的水能够被植物吸收运输至叶片。

113. 蒸腾作用——由根系吸收运输至叶片的水分远远超出了光合作用的需求。需要明确的是,水并不只是用作能量转化的原料,同时还是土壤中物质的溶剂，能够将这些物质带入植物中。超出营养物质生产所需的水以水蒸气的形式从植物体内被释放，这一过程在前面蒸腾作用中提到过。

114. 消化——碳水化合物和蛋白质是绿色植物能够生产的两类重要的植物营养物质。这些营养物质在植物中被运输至功能运行的部位，如果营养供应大于功能区域所需，超出的部分就会储存在植物的一些部位。通常，绿色植物能够生产超出它们所需的营养物质，而超出的部分正是其他动植物赖以生存的能量。例如，淀粉不可溶，因此不能以溶液的形式运输，必须将其转化为可溶的蔗糖。这种营养物质的转化就代表消化。

115. 同化作用——当营养物质以某种形式到达功能区域后，进入植物体内功能被称为原生质体的活性物质，储存在质体中。将营养物质吸收进入活性物质的过程就被称为同化作用。

图 10.2　北方常见的猪笼草。中空的叶片，每片有一个盖子和翼瓣，形成一个莲座丛，从这中间长出花柄。

图 10.3　美国南方的猪笼草，呈漏斗状，捕虫笼有侧翼，上方拱形的盖子有透明斑点。

116. 呼吸作用——营养物质的产生、消化及同化都是为呼吸作用准备的，这一过程也可以被称为同化物质的利用。植物所有运转的能量都是依赖于呼吸作用，这一过程涉及原生质体吸收氧气，原生

质体的分解,以及作为代谢产物的二氧化碳和水的释放。在我们自身生命体内,氧气的吸入及二氧化碳和水的呼出对我们来说都十分重要,因此我们要明白这一过程的重要性。这种原生质体的破裂或者原生质体的氧化释放出植物代谢所需的能量。

117. 生命过程概述——下面简要总结一下植物的生命过程。叶绿体在光的辅助下,通过光合作用利用二氧化碳和水合成碳水化合物;通过利用这些碳水化合物及氮、硫等物质产生蛋白质;不可溶的碳水化合物和蛋白质被消化成可溶的形式,以便能够在植物体内转运;通过同化作用,这些营养物质被储存在植物细胞内的质体中;质体中的营养物质转化后通过呼吸作用被氧化,从而产生供植物机体代谢的能量。在这一过程中,植物吸收氧气,释放出二氧化碳和水蒸气。

118. 不含叶绿素的植物——在弄清楚绿色植物的生命过程之后,显而易见,不含叶绿素的植物不能进行光合作用。这就意味着这些植物不能合成碳水化合物,它们必须依赖其他的植物或动物,来获取这一重要的营养物质。蘑菇、马勃、霉菌、锈菌、菟丝子、尸花、美国山毛榉等,就是这类植物典型的代表。

119. 腐生植物——在死亡的有机体或者代谢产物被腐生植物入侵的情况下,所有的有机物迟早都会被腐生植物腐蚀并分解。分解是不含叶绿素植物获取营养的过程,如果没有这些植物,地球表面就被千万年来动植物厚厚的残骸覆盖了。

因此,绿色植物是有机物的生产者,制造超出其所能利用的营养物质,而不含叶绿素的植物则是有机物的分解者。主要的分解者是细菌和普通真菌,但是一些高等植物也通过这种方式获取营养物质。很多常见的绿色植物有从富含腐殖质的土壤中,吸收营养物质的腐生习性;并且很多兰花和石南都是寄生者,它们将地下部位吸附在其他植物上,称为"根寄生"。

120. 寄生者——特定的不含叶绿素的植物不仅仅满足于从死亡的有机体获取有机物,还会侵害活体。有腐生习性的植物大部分由细菌和普通真菌组成。寄生植物由于缺少叶绿素不仅产生了结构上的改变,还进化出入侵寄主的方式。并且很多寄生植物发展形成了特定的选择习性,这种习性限制它们只能入侵特定的植物或动物,甚至器官。

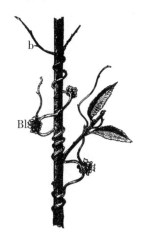

图 10.4 一株菟丝子寄生于一条柳枝上。无叶的菟丝子缠绕在柳枝上,伸出吸器进入枝条吸收养分。

一些高等植物也发展出了寄生习性,不同的是有些植物完全寄生,有些植物部分寄生。例如,菟丝子在成熟后完全寄生(见图 10.4),而槲寄生只是部分寄生,其在发挥叶绿素功能的同时,利用吸器从树中获取营养物质。

绿色植物或多或少地发展出寄生和腐生的习性,以补充它们生产的营养物质,从这些植物寄生和腐生的程度可以推测出植物是逐渐形成这一习性的。叶绿素使用得越少,产生的营养物质也就越少,当一棵植物通过腐生或者寄生的方式来获取大部分营养物质的同时,其自身会逐渐丢失体内的叶绿素直至变成完全的腐生或寄生。

一些低等藻类习惯于生活在高等植物体腔内,以获得所需的湿润及被保护的条件。它们由此也可能会接触到高等植物的有机产物。如果它们可以利用这些营养物质,就会开始部分寄生,最终会导致叶绿素丧失成为完全寄生。

121. 共生——共生现象将会结合地衣进行更加全面的论述。共生在广义上来说包括生物之间任何形式的依赖,从攀缘植物与其所攀爬的树木,到藻类与真菌在地衣中紧密地联系成为一体。从狭义上来说,共生只包括共生体之间有紧密的器官上联系的情况。更进一步来说,共生只包括共生体之间互惠互利的情形。然而,这一现象很难进行界定,关于这一关系中互利的观点存在很大的争议。且不论共生这一概念下涵盖了多大范围的现象,我们在这里仅采用其最狭义的定义,这也通常被划分为互利共生。

(1)地衣——与地衣相联系的主要的共生现象将在第十八章中进行阐述。通过观察发现,真菌共生体不能离开藻类独自生存,但是藻类在这一关系中有何益处仍是存在争议的问题。后者能够独立于前者而生存,但是藻类在真菌的缠绕下似乎生长得更加茂盛,在没有真菌原植体提供的湿润环境和保护下是不可能生活在这种环境中的。强调前一事实的学者认为,地衣仅仅是寄生现象的一个特例,将其称为役生现象,是一种奴役的状态,暗示着藻类为真菌所用。而那些看到藻类在这一关系中获利的学者则认为,地衣是一种典型的互利共生。

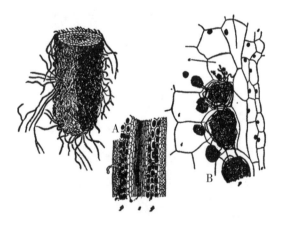

图 10.5　菌根。左图是被真菌缠绕的山毛榉根毛的根尖部位;A,兰花根部的纵切图,皮层细胞充满了菌丝;B,部分兰花根部的纵切图,根部明显膨大,表皮、皮层的最外层细胞充满了菌丝,并且向相邻的皮层细胞伸出分支。

有趣的是，在培育人工地衣的过程中，除了要将"地衣—真菌"的孢子和一些"地衣—藻类"一起进行培养，还需要利用"野生"藻类，即具有独立生存习性的藻类。

(2)菌根——"菌根"是指土壤中特定的真菌与高等植物根部的共生体，这些植物包括兰花、杜鹃花、橡树及它们的近缘种等（见图10.6、图12.1）。真菌细微的菌丝在土壤中广泛扩张，菌丝形成的网络包裹住根毛，然后侵入植物细胞中。很明显，真菌通过寄生根毛从而获取营养；但也有人认为，在土壤中大范围扩张的菌丝能够有力地辅助寄主植物获取营养物质。如果事实如此的话，通过这种联系，植物在真菌的帮助下吸收的营养物质远大于真菌获取植物的少量养分，二者能够互惠互利。

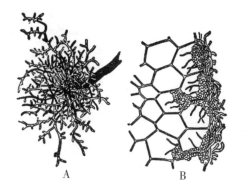

图10.6　菌根。A,白杨根毛形成的菌根;B,单个根毛膨大的部分,展现出菌丝侵入植物细胞。

(3)根瘤——在苜蓿、豌豆、大豆等很多豆科植物的根部，经常能够发现额外生长出的微小的瘤状物，这就是所谓的"根瘤"（见图10.7）。研究发现，这些根瘤是由寄生在根部的一些特定的细菌引起的。根瘤内充满了细菌，毫无疑问，这些细菌从根部获取养分。同时，这些细菌拥有将空气中游离的氮固定到土壤中的特殊能力，为寄主植物提供可以利用的氮。尽管空气中有大量的氮气，但普通的植物不能够直接利用游离氮,土壤中细菌的这种特殊能力令人非常感兴趣。

苜蓿及其近缘植物的这种习性在"土壤恢复"中的作用能够说明其重要性。在普通作物消耗完土壤中含氮的盐离子后,土壤变得相对贫瘠,苜蓿能够利用根瘤从空气中获取氮素从而继续生长。如果将苜蓿犁埋,苜蓿组织中含氮的物质将会进入土壤,从而再次将土壤恢复成能够维持作物生长的状态。这些表明常见的"轮作"制度具有重要的作用。

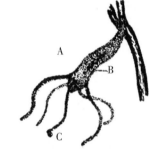

图 10.7　豆科植物根部的"根瘤"。

图 10.8　淡水水螅,吸附于蓝藻嫩枝内(C),可以通过透明的细胞壁看到水蛭。

(4)蚁栖植物等——在共生关系中,共生者也有可能是动物。一些淡水中的水螅和海绵动物由于寄生在海藻体内,因而身体变成绿色(图10.8)。如同地衣中的真菌,这些动物受益于藻类,获得了适宜生存的环境。在另外一些学者看来,这仍然是寄生关系,动物奴役着藻类。

植物的一些部位可以供蚂蚁栖居,而蚂蚁则会保护植物免受食叶昆虫或者天敌的侵害。这些植物被称为喜蚁植物,即喜欢与蚂蚁一起生存的植物。这类植物主要分布于热带地区,植物的茎腔、中空的刺或者其他部位为好战的蚂蚁种群提供栖息地(见图10.9)。除此

之外,植物还为蚂蚁提供一些特殊的食物。

图 10.9　爪哇南部的蚁栖植物(蚁寨属),植株额外生长出的部位为蚂蚁提供栖息场所。

(5)花与昆虫——花与昆虫之间存在一种非常有趣且非常重要的共生关系。花为昆虫提供食物,而昆虫作为花粉传播的信使。在第七章中,已经结合例子对这一关系进行了阐述,但我们还应该再了解一些共生关系的例子。

昆虫与花的联系有时会非常密切,甚至是完全相互依赖。特别是在兰花中,一些特定的花和昆虫之间相互依存,以至于当一方消失时,另外一方也会随之灭绝。

122."食肉"植物——一些植物会生长出奇特的结构来捕捉昆虫,并将这些昆虫作为食物,因此这类植物可能更适合称为"食虫植物"。它们也是绿色植物,因此也能够制造碳水化合物。但是由于生活的土壤中缺乏氮元素,蛋白质的合成受到了影响。被捕捉到的昆虫的躯体为植物提供了蛋白质,因此这些植物逐渐依赖于这种蛋白质的获取方式。绝大多数食肉植物能够分泌一种消化物质,这种消化物质消化被捕获的昆虫,就如同动物消化道内消化蛋白质一样。下面是一些常见的例子:

(1)猪笼草属植物——这些植物的叶片形成管状、瓶状等各种形式,其内含有液体,昆虫会被引诱进去而溺亡(见图10.2)。美国南方各州常见的猪笼草就是一种类型(见图10.3)。猪笼草叶片形成细长而中空的圆锥,在沼泽地区丛生。圆锥形瓶的瓶口处有一个拱形的瓶盖遮挡,瓶盖呈半透明,像一扇小窗户一样。瓶口处分布着腺体,能够分泌有香味的液体(花蜜)。而瓶内部的边缘的下方区域非常光滑,昆虫无法在上面行走。在光滑区域的下方布满了厚厚一层坚硬

且朝下的表皮毛,再下方就是瓶底的液体。

如果一只苍蝇被这片造型奇特的叶片上的花蜜滴所吸引,它自然会顺着花蜜滴的痕迹到瓶口边缘,因为那里的花蜜最为丰富。如果苍蝇在瓶内试图向下,它会滑落到光滑的区域,然后掉入液体中,如果它试图逃脱,沿着瓶壁向上爬的话,厚厚的朝下的毛层会拦住它的去路。如果它设法飞出瓶口,会被瓶盖所遮挡。苍蝇撞到瓶盖后,又会重新掉到瓶底。这种南方猪笼草又被称为捕蝇器,瓶中经常盛满昆虫腐败的尸体。

另外一种体型更大的加利福尼亚猪笼草,用于捕捉昆虫的结构更加复杂(见图 10.10)。

图 10.10　加利福尼亚猪笼草,捕虫笼扭曲且有侧翼,拱形的瓶盖上分布着半透明的点,瓶盖上鱼尾状的附属物用来吸引飞虫。

(2)茅膏菜属植物——茅膏菜就是通常所知的“毛毡苔”,生长在沼泽地带,叶片在地面形成小莲座状结构(见图 10.11)。叶片呈圆形,边缘围绕着鬃状毛,每根毛尖部有一个球状的腺体(见图 10.12)。叶片内部表面分布着稍短的毛。这些腺体分泌出透明的黏液,液滴像露珠一样悬挂在腺体上。如果小昆虫陷入黏液滴,叶片上的毛会开始向内卷曲,用不了多久,受害的小昆虫便被压在叶表面上。在遇到更大一些昆虫的情况下,附近的鬃状毛可能会一起抓住昆虫,或者整片叶片都会稍微向内卷。

（3）捕蝇草属植物——这是最出名且不同寻常的捕蝇植物之一（见图 10.13），被发现于美国北卡罗来纳州华盛顿附近的桑迪沼泽。叶片结构形成一个捕虫夹，两片叶片猛然夹紧后，边缘的刺毛像陷阱的尖齿一样相互咬合（见图 10.14）。叶片的表面生长出一些敏感的表皮毛，像感受器一样，当其中一根刺毛接触到附近盘旋的小昆虫时，捕虫夹就会快速咬合，以此困住昆虫。只有当昆虫被消化后，捕虫夹才会再次打开。

一些未被称为食肉植物的绿色植物，也有类似获取营养物质的习性，以此来减少制造一些必需物质。槲寄生是绿色植物，生长于其他植物上，以此来获得一些养分，然而这些物质其自身也能够合成。

在肥沃的土壤中，动植物躯体腐败后留下的有机物大部分被普通的绿色植物所吸收，从而直接获得部分现成的营养物质。

图 10.11 茅膏菜，捕虫叶呈莲座丛分布。

图 10.12 茅膏菜的两片叶。左边叶片中左边的腺毛完全伸展，右边的腺毛向内弯曲，处于捕捉到昆虫时的状态。

图 10.13　捕蝇草属植物，叶末端布置捕虫夹的叶片呈莲座丛分布，花茎竖立。

图 10.14　捕蝇草的三片叶，从左右两片叶可以看出捕虫夹的细节，中间的捕虫夹正在捕捉昆虫。

第十一章　植物群落：生态因子

123. 植物群落的定义——从前面的章节我们已经了解到,每株复杂的植物都是一系列器官的组合,并且每个器官都与其所处的环境有着特殊的联系。因此,由器官组成的整株植物自然与其所处的环境有着非常复杂的联系。茎对环境有一定的要求,根的需求有所不同,而叶片又需要其他的条件。为了尽可能满足所有的这些需求,整株植物需要进行精细的调整。

地球表面为植物生命提供了丰富多样的生存条件,植物根据这些条件被分成不同的群体,这就导致植物之间产生一定的联系,适应于相同环境的植物一般更倾向于生活在一起。在相同环境下共同生存的植物称为植物群落,而这一环境又阻碍了其他植物的生存。同时,不要误认为所有受相似环境影响的植物都会生活在一起。例如,一片特定类型的草地,不会包含与这种类型有关的所有的草。在某种类型的草地上发现一种草,但在另外一片相同类型的草地上又会发现另外一种草。

亲缘关系非常近的植物一般不会生活在相同的群落,这样可以避免过于激烈的竞争。这些植物一般会出现在相同类型的不同群落。因此,一个植物群落可能包含了从低等植物到高等植物等一系

列广泛而具有代表性的植物。

在研究一些普通群落之前,我们需要先了解决定植物群落的条件。这些植物生长环境中影响群落结构的因素被称为环境因子。

124. 水——毫无疑问,水是植物生长环境中的重要条件之一,对群落的结构有着巨大的决定性作用。如果考虑到所有的植物,就会发现,植物所处环境的含水量存在极大的差异。在所有的植物中,一种极端是植物完全浸没水中,另外一种极端是植物生长在干旱地区,处于两种极端的植物可获取的水量呈梯度变化。在植物对环境的适应中,最令人惊奇的是那些生存在大量的水中以及在缺水环境下,植物所做出的改变。

与任何植物群体相关的条件中,首先要考虑的是水的供应量。这不仅仅是一年总量的问题,还关系到在一年内水供应量的分布。要考虑到供应量是否比较一致,是否会产生洪涝及干旱的变化。所供给的水的性质也很重要。这些水可能来自地表或者地下,又或者是通过雨水、降雪的形式来获得。

水供应中需要考虑的另外一个重要因素是土壤结构。土壤中水位会存在变化,需要注意的是,这里指的水位是在地表之下。在一些土壤中,水位非常接近地表;而在其他一些土壤中,水位可能会距地表很远,例如沙壤土。

除了水量和水位的深度能够决定植物群落外,水中所含的物质对其也会有影响。假如两个地区的水量和水位都相同,但是在水中溶解的物质存在差异的话,也可能会形成两个完全不同的群落。

125. 温度——一个地区的一般气温也是需要考虑的重要因素,但是很明显的是,气温不会像水一样在局部区域存在差异,因此这一因素对局部区域内植物群落的影响不会像水那么重要。然而,就地球表面上植物的分布来说,温度因素可能比水更重要。从整体来说,一般植物正常行使功能时,能够承受的温度范围为0℃到50℃。当然,也有一些植物能够在更高的温度下生存,尤其一些特殊的藻类能够在温泉内生长,但是这些植物都被当作特例。在此需要注意的是,植物能够保持正常功能的温度范围,并不包括植物采取特殊的保护措施而保持低活力下所能承受的温度。例如,很多温带地区的植物在冬天能够承受的温度会远低于冰点,但这是耐受能力的问题而不是行使正常功能的问题。

一定不要以为所有的植物都能够在所给出的温度范围内进行正常的工作,植物在这一方面存在很大的差异。例如,热带植物习惯于特定的高温范围,而不能在持续的低温下工作。对于每一种植物可能都会存在一个临界温度,低于这一温度时就不能进行正常的运转。

尽管关注一个地区在一年内的一般气温很重要,但关注温度的分布情况也同样很有必要。两个地区可能在一年内获得相同的总热量,但是如果一个地区的温度变化比较小,而另外一个地区温度变化非常极端,在这两个地区内便不会发现相同的植物。其中可能最重要的是,植物生命过程中特定的关键时期内的温度,例如种子植物的开花期。

尽管在任意给定的区域内的温度相对比较一致,但在植物生长季节内,可以注意到其对植物交替的影响。在温带地区,春季植物、夏季植物以及秋季植物之间明显不同。春季植物明显比夏季植物要更耐冷,花的交替变化能够表明与温度存在着一定的关系。

另外值得一提的是,我们不仅需要注意空气中温度的变化,也需要关注土壤中的温度变化。两者之间可能存在好几度的温度差异,尤其是土壤温度能够影响根系的活力,因此这也是一个需要研究的重要因素。

在此,我们可能要注意环境因子相结合的影响。例如,对于任何群落内生长的植物,不能孤立地考虑水因子和温度因子的影响,而必须要将二者结合起来进行考虑。例如,如果在指定区域内既有最高

温度又有最小水量,这片区域将会是一片荒漠,只有具备特殊适应能力的植物才能在此生存。很明显,过高的温度会增加植物的蒸腾作用,而蒸腾作用在供水量非常匮乏的情况下是极其危险的。因此,生存在这种条件下的植物,必须能够有效地控制蒸腾作用。另一方面,如果一个地区有最高温度和最大水量,便会形成最繁茂的植被,比如热带雨林。水和温度因子的结合可能有无数种情况,而这些不同的结合才是影响植物群落的主要因素。

126. 土壤——土壤因子不仅对于和土壤存在直接联系的植物很重要,对所有的植物都很重要,因为土壤决定了水中含有的物质。土壤主要有两方面需要被考虑到:土壤中的化学成分和土壤的物理性质。尽管土壤的化学性质和物理性质紧密相关,不能将二者分开考虑,但是对于和土壤直接存在联系的植物来说,土壤的物理性质可能比化学性质更加重要。土壤的物理性质主要对从土壤中获取水分的植物有重要影响,关系到植物能否轻易从土壤中吸取水分。同时土壤的物理性质也决定了土壤的湿度保持能力,土壤可能会很好地接收水分,但是不一定能长久保持。

为了方便进行常规的植物田间工作,我们可以将土壤大致分为六类:①岩石,即坚固未破碎的岩石,有部分的植物能够在其上生长;②沙土,有微弱的保水能力,能够获取水分,但是不能保水;③钙质土;④黏土,有很好的蓄水能力;⑤腐殖土,富含植物和动物残骸腐烂发酵后产生的物质;⑥盐碱土,土壤中包含大量的盐分,也是通常被称为碱的物质。这些分类能够大致表明土壤的物理结构和化学成分。一个区域除了土壤的种类需要被确定外,土壤的深度也是重要的因素。我们可以经常看到,这些土壤中,一种土壤会覆盖在另外一种土壤上,这两种土壤的关系会产生重要的影响。例如,如果沙土覆盖在黏土之上,会比沙土单独存在时蓄留住更多的水。如果使腐殖土在一片区域内覆盖在沙土上,在另一片区域内覆盖在黏土上,这两者之间的含水量会存在非常大的差异。

另外，也要考虑土壤上的覆盖层。土壤的覆盖层通常有雪、落叶，以及植物。可以注意到，所有的这些覆盖层都能减少土壤中热量的流失，同样也阻止了热量的进入。换言之，好的土壤覆盖层能够很大程度上减缓极端温度的出现。而这些都是为了能够增加土壤的保水能力。

127. 光——我们已经知道，光是绿色植物进行光合作用所必需的条件。然而，所有的绿色植物并不能获得同等的光照，其中一些植物便适应了在较少的光照下生存。然而，在那些需要强光的植物和只需要弱光的植物之间，并没有严格的区分，但我们一般仍将植物分为阳生植物和阴生植物。正如我们所知，前者主要出现在能够自由暴露在光照的环境下，后者一般发现于阴暗条件中。

从这一角度出发，我们可以发现植物在垂直方向的生长存在分化层的现象。例如，在一个森林群落中，高大的树木代表着最高层，在这之下是灌木层，然后是较高的草类，再然后是较低的草类，最后是生长在地面的苔藓和地衣。在任何植物群落中，一定要注意存在的植被层数。最高层的植物可能会遮蔽得过于密集，导致很多其他层的植物根本没有展现出来。茂密的山毛榉林就是一个很好的例子。

128. 风——我们都知道风有干燥的能力，因而风能够增强植物的蒸腾作用，这样会导致植物缺水。在多风的地区，这一因子的作用尤其显著，如临近海滩、大湖附近的区域，以及草原和平原地带。在所有这类区域中，植物都被迫适应失水的环境；在一些地区，大风盛行且持续时间长，风自身的力量甚至会影响植被的外观，产生所谓的地貌特征。

以上五个因子能够在众多被列举出来的因子中脱颖而出，主要是由于这五个因子处于重要的地位。需要注意的是，这些因子能够以各种方式结合，因而几乎能够产生无穷多的组合方式。这为总结

植物种群可能存在的类别提供了一些思路,因为这可能会随着各种因子的结合而产生无数种植物群落。

129. 群落分类——我们可以将无数种群落归纳成三四个大类别。出于方便,将水因子作为主要的分类依据。虽然可以产生一个简便的分类,但是可能会或多或少地受主观因素影响。如果从结合了所有决定组别的因子中选择一个来进行分类,是不可能产生一个非常自然的结果的。然而,一般情况下,还是会采用根据水资源进行的分类。基于此,主要有如下三大类群落:

(1)湿生植物——从名称可以看出,这类群落处于水资源极度丰富的环境下。这类植物可能生长在水中,或者在湿地中,但不论是何种条件它们都处于大量的水中。

(2)旱生植物——这类群落则处于水资源极度匮乏的环境下。真正的旱生植物都生长在干燥的沙土中,暴露在干旱的环境下。

(3)中生植物——处于两种极端水资源分布之间的大范围区域内,水资源适中,在这些区域内处于适中环境下生长的植物被称为中生植物。显然,中生植物一方面逐渐过渡到水生植物,另一方面逐渐过渡到旱生植物;同时,中生植物群落从水量丰富的地区延伸到水量不足的地区,水资源的分布有很大的差异。

在这里需要理解的是,这三类通过水资源量相互区分的类别,是人为分类而不是在自然状态下就是这样的,因为这样分类会将不相干的群落分到一起,经常也会将紧密相关的群落分开。例如,按这种方式分类,沼泽湿地属于水生植物,可能会包含普通的湿地,而这种湿地则属于中生植物。用于群落分类的最实际贴切的方式可能是,某些群落所处的环境,使植物倾向于尽可能地减少蒸腾作用,而另外一些群落所处的环境,使植物尽可能地增加蒸腾作用。

然而,决定群落的因素数不胜数,在本书中不可能一一列举出来,以上给出简单的人为分类的方式足以进一步介绍观察到的群落。

第十二章　水生植物群落

130. 一般特征——不论是从整体结构还是从局部结构来说，水生植物都离不开充裕的水资源。众所周知，水生植物是世界范围分布最广的植物之一，并且任意两个不同区域内的水生植物看起来都比较相似。这可能是由于丰富的水资源使得环境条件趋于一致。

对于那些浸没在水中的沉水植物来说，很明显水能够通过削弱极度的高温从而影响温度因子。光必须要穿过水才能到达植物中含叶绿素的部位，而光在通过水中时，光照强度会被减弱，因而水也会影响光因子。在学习一些水生植物群落之前，有必要先了解一些水生植物明显的适应性特征。

131. 适应性特征——由于沼泽植物的根处于水中，茎和叶暴露于空气中，植物的关系比较复杂，为了尽可能简明地描述，我们在此选取了一株完全处于水中的复杂植物。我们可以注意到与沉水植物或漂浮植物相关的一系列适应性特征。

（1）薄壁表皮细胞——对于生长在土壤中的植物，水分供给主要来自土壤，其建立根系结构来吸收水分。而对于水生植物来说，整株植物都浸泡在水中，因此整个植物表面都能吸收水分，而不是依靠根部这样的特定部位。暴露在空气中的表皮细胞一般需要加厚细胞壁来保护自身,而水生植物为了实现这种获取水分的方式,表皮细胞必须要有较薄的细胞壁。

(2)根部严重退化——很明显,如果整个植株的表面都能吸收水分,就不需要特定的根部区域。因此,水生植物的根部系统会严重退化,甚至完全消失。然而,大部分水生植物会将自身锚定在支撑物上,一般都会保留根部,用于固定植株,而不是作为吸收器官。

(3)水分运输组织退化——生长在土壤中的普通植物,不仅需要水分吸收的根部系统,还需要运输系统将从根部吸收的水分输送到叶片及其他部位。前面已经提到,这种运输系统需要木质的管道。显然,如果整个植株表面都能吸收水分,运输功能就不会那么发达,并且,水生植物的维管束就不会像陆生植物那么完善。

(4)机械支撑的退化——普通的陆生植物需要形成一些稳固的组织,来保持植物的形态。在树木中,这些支撑组织的作用发挥到极致,使树林那些巨大的躯干能够保持直立。显然植物在水中由于浮力的支撑作用,不需要那样坚固的支撑组织。我们可以发现一些完全浸在水中的植物呈直立状态,且各部位恰当地展开,将植物从水中移出时,植物整体就会倒塌下来,不管怎样也不能将自身支撑起来。

(5)气腔的形成——空气在水生植物体内主要有以下两方面作用:①使植物能够进行气体交换;②增加植物的浮力。在大部分复杂的水生植物中,必须要有一些结构来分配含有氧气的气体。这在植物体内通常以气室或者通道的形式存在(见图3.4、图5.5、图5.6、图5.7)。这种气室结构能够增加植物躯体的浮力。然而,在某些情况下,一些植物会形成气囊状的漂浮结构,专门为植株提供浮力(见图12.1、图12.2)。这些漂浮结构在一些海藻中常见,例如狸藻类植物,其植株表面会产生大量的气囊(见图12.3)。

图 12.1　岩藻的部分结构，分枝呈叉状，长有气囊状的气室。

图 12.2　马尾藻，叶状体分化出茎状和叶片状部位，以及气囊状的漂浮物。

图 12.3　狸藻，无数的气囊使植株分化出的微小叶片及竖直的花茎漂浮起来。狸藻属于肉食植物，气囊也是有效的捕虫陷阱。

图 12.4　一组昆布属的海藻。注意植物躯体的各种结构特征以及根状的固定器。

132. 群落——水生群落可以分为以下两类：

（1）真水生群落，所处的水环境中物质和温度都是最适合植物生存的。这类群落中主要包括以下几种：

①漂浮植物。植物完全生长于水中，相当于"池塘群落"，由藻类、浮萍等组成，漂浮生长在静水或者流动缓慢的水中。

②浮叶植物。植物根部固定，但是躯干潜在水中或者漂浮在水面。部分植物属于"岩石群落"，这些植物固定在水底坚固的支撑物上，例如藻类；部分属于"松散土壤群落"，这些植物将根扎在水下淤泥中（图12.5），如水莲和梭鱼草。

图12.5　一片植物群落，从水生植物过渡到中生植物：从水域边缘的莲花丛，到靠后一点的湿地草类，然后是灌木丛，最后是树木丛。

③挺水植物。植物扎根于水下，或者含水丰富的土壤中，着生叶片的茎伸出水面。最显眼的挺水群落有："芦苇丛沼泽"，芦苇、香蒲、草芦等具有明显的特征（见图12.6、图12.9）；"荒野沼泽"，普通的沼泽、湿地、泥淖等，为粗莎草等草类占据（见图12.5）；"丛林沼泽"，包括柳树、赤杨、桦树等。

图12.6　一片人工莲花池。可以观察到两种宽阔且漂浮在水面上的叶片。叶片较大且边缘朝上，像大浅盘一样的植物是王莲；叶片较小的且漂浮着的植物是普通的睡莲。中间叶面伸出水面且呈杯型的植物是荷花。在此看来，生长密度与叶面是否伸出水面似乎存在一定的关系，这从普通的莲花中能够观察到。

(2)耐旱水生群落——群落所处水中的物质和温度不利于植物保持活力,植物通过减少蒸腾作用的结构来适应环境。这导致水生植物表现出旱生植物的耐旱结构。这里包括:"水藓沼泽"(图 13.23),在这种环境中由水藓占主导地位,并伴有很多特有的兰花、石南及肉食植物等;"森林沼泽",生长着很多落叶松、松树、铁杉等;"红树林沼泽",主要存在于热带海岸平原地区;"盐沼",近海岸地区,广阔的草原一般分布着粗莎草及其他草类。

图 12.7　一组眼子菜属植物。茎在水中保持直立形态,叶较窄,暴露在水中微弱的光照下。

图 12.8　苦草,常见的浮叶植物。植株固定且叶片浸在水中。长长的茎秆将雌蕊伸出水面,能够适应不同的水深。雄蕊保持在水面以下,如图中左下部分所示,雄花成熟后脱离,上升到水面,在漂浮的过程中完成对雌花的授粉。

图 12.9　芦苇沼泽,湖或者流动缓慢的河流的浅水区。植株高大呈棒状,都是单子叶植物。可明显分为三类,芦草(最高)、香蒲(右边),以及芦苇(边缘生长区水位较深位置的一组植物)。可以根据箭头状的叶片辨认出右边最前方的为慈姑。

第十三章　旱生植物群落

133. 一般特征——旱生植物与水生植物形成鲜明对比,适应于干燥的空气和土壤。旱生条件一般是指干旱的条件。土壤和空气并不需要整年都保持干燥才会形成旱生条件。这些条件可以归为三种:①随机性干旱,干旱期的发生没有间隔规律,在一些季节内可能根本不会发生干旱;②周期性干旱,在某些地区,干旱期就像季节变化一样有着固定的周期;③持续性干旱,干旱情况保持不断,所在地区通常为荒漠或者沙漠。

尽管会发生干旱,植物面临的问题依然还是水分供给,因此植物会发展出很多令人惊叹的结构来应对这一环境。因而,在这种环境下植物必须满足两个条件:①收集并保持水分;②防止水分的丢失。很明显,在干旱条件下,植物通过蒸腾作用所散失的水分会明显增多。在水资源匮乏的地区,这会直接威胁到植物的生命。完全停止蒸腾作用是不切实际的,因为植物必须要通过这种方式完成必要的生命过程。因此,植物的一些部位直接在蒸腾作用的调控上产生改变,使得蒸腾作用能维持生命过程,但又不至于对植物产生损害。

蒸腾作用的调控可以通过两种方式完成。一些植物会协调叶片或者绿色组织的暴露程度与蒸腾作用的量所维持的关系。因此,当叶片暴露程度降低时,总的蒸腾作用会减弱。另外一种调控蒸腾作用的方式是,通过一些途径保护暴露的表面,使水分不会轻易散失。因此,植物所采取的方法是减少暴露面积,或者对暴露部位加以保护。因此,植物之间所采取的这些方式没有区别,相类似的植物通常都会采用这两种方式。

适应性

134. 完全干燥——有些植物在干旱期间表现出突出的耐旱能力,能够保持完全干旱的状态,而在接触到水分后会再恢复回来。地衣和苔藓就表现出这种惊人的能力,其中有一些植物甚至干燥到能够磨成粉末,但是一旦获取水分,便会再次恢复生机。石松类植物以"复苏植物"而著称,就表现出这种抗旱能力。这些植物脱水后,其干燥巢状的躯体在市场上随处可见,但是当将它们放在盛水的盆中后,又会吸水膨胀恢复活力。在这类例子中,很难说这是植物为了抵抗干旱而做出的努力,因为植物完全屈服于干燥条件而失去了自身的水分。植物在完全脱水后,重新恢复的能力相当于其他耐旱植物保护性结构的作用。

135. 表面积周期性减少——在周期性干旱的地区,经常能够观察到植物以一种非常明确的方式减少暴露面积。在这些情况下,植物的表面积会周期性减少。例如,一年生植物在干旱期间会显著减小暴露面积,只保留被保护好的种子。植物的整个表面,包括根、茎、叶都会消失,只留下种子使植物度过干旱。

其次植物还有蓄留地下组织的习性。在干旱期,植物的整个地上部分会凋零,只剩下地下的部分,例如鳞茎、块茎等(见图 4.1、图 4.22、图 4.23、图 4.24、图 4.25、图 4.26、图 4.31、图 9.1、图 13.1、图 13.2)。在雨水充沛的季节,这些植物的地下部分会生长出新的地上部分。这可以被理解为在干旱来临时,植物向地下撤退。

另一种表面积减少的方式是植物的落叶习性。很多树木和灌木的躯干在干旱的环境下,落下叶片可以大幅度减少树木表面暴露的程度;随着水分的恢复,新的叶片会再次长出来。值得注意的是,就这一点而言,植物以相同的方式度过低温时期和干旱时期,可能这些习性与低温时期的联系比与干旱时期的联系更加紧密。

图 13.1　血根草,地下的根　　图 13.2　春美草,地下块茎生长
茎生长出地表以上的叶片和花。　出地表以上的叶片和着生花的茎。

136. 表面暂时性减少——除上述抵抗周期性干旱的方式以外,植物还可以通过暂时减少表面积来保护自身。例如,在周期性干旱到来后,很容易观察到一些植物叶片以各种方式卷曲起来。很明显,随着叶片的卷曲,植物暴露的表面也会随之减小。将一片灌溉充分的草坪与另外一片缺水的草坪作对比,会发现前者叶片是伸展开的,而后者则表现出或多或少的卷曲。叶片较大的苔藓植物受到干旱危害时,也会出现相同的情况。

137. 固定的光照位置——一般而言,当叶片成熟后,就不能再改变它们相对于光的位置,因此便有了固定的光照位置。然而,在叶片的生长过程中,叶片的朝向能够改变,因而固定的光照位置会取决于

生长过程中光的方向。叶片最后固定的光照位置是为获得充足但不过量的光照。最值得注意的是那些生长于强光下固定的叶片位置。这种情况下,叶片最常见的状态为,叶尖或叶缘直接朝上,叶片的两面能够在早晨和傍晚自由接受相比于中午较弱的低强度光照。

指向植物表现为叶面直接朝上。这些植物中最常见的可能是草原地区的松香草,以及荒地中常见的外来物种刺莴苣(见图 13.3)。这些植物获得"指向植物"的称号主要是因为,当它们的叶面朝上时,叶片整体大致呈南北指向,但这个方向并不是非常确定。这种位置显然可以使叶片躲避中午的强光,在早晨和傍晚时,同样的位置也可以获取温和的光照。如果这些植物生长在阴暗处,就不会表现出"指向"的能力。这种侧向位置在澳大利亚植物中非常普遍,这一特性使植被形成奇特的景象。当暴露在强烈的光照下,这些叶片的位置会减少水分的散失。

图 13.3　两株指向植物。左边的两株代表的是分别从东和南观察相同植物(串叶松香草)所呈现的形态,右边两株代表的是以同样的相对位置观察刺莴苣时,叶片所呈现的形态。

138. 运动型叶片——尽管大部分植物成熟叶片的位置都是固定的,但也有部分植物的叶片能够根据需要进行运动。前面已经提到过这种运动形式,例如,酢浆草能够根据光的方向改变叶片的位置。很多豆科植物的叶片都进化出了运动的特征,例如豌豆等。在这些被称为"敏感植物"的家族中,对于光或者其他影响都会采取敏感的应激反应(见图13.4)。金合欢和含羞草是最引人注意的敏感植物,生长于干旱地区。这类植物的叶片通常很大,但是有很多分支,每个叶片由众多的小叶组成。每个小叶都有独立运动,或者整片叶片运动的能力。如果植物遇到干旱危害,可以观察到一些小叶折叠在一起;如果危害延长,更多的小叶会折叠在一起;如果危害一直存在,暴露的面积就会进一步减小,直到整个植株的叶片都折叠起来。通过这种方式,植物就可以精准地根据需要调控表面暴露的程度。

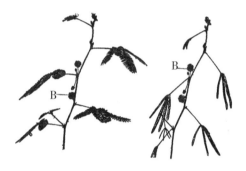

图13.4　敏感植物的两个树枝。左边树枝显示出在叶片展开时,可以观察到很多小叶;右边显示出植物表面积大幅度减小的状态,小叶折叠在一起,主要的叶分枝相互之间紧挨着,主叶柄急剧朝下屈伸。

图13.5　石南,植株矮小而茂密,叶片较小。

139. 叶片缩小——在那些干旱程度稍弱的地区,可以观察到植物生长的叶片相对其他地区的要小(见图13.6)。相同的植物,干旱条件下生长的叶片要比在湿润条件下的小,这一现象说明,植物叶片的缩小与干旱条件有着直接的联系。干旱地区最突出的一个特征就是缺少宽阔显眼的叶片(见图13.5)。这些缩小的叶片存在多种多样的形式,例如松

树的针叶,或者一些莎草及其他草类细长的叶片,或者很多石南植物中常见的卷边窄叶。仙人掌类的植物达到了叶片缩小的极致,这些植物的叶片完全消失,叶片的功能由球状、圆柱状或扁平状的茎来完成。

图 13.6 普通椴树的叶片,表现出环境对其产生的影响:右边叶片来自于生长在河岸的树木(中等湿润条件);左边叶片来自于生长在沙丘上的树木,暴露在强光照、热、冷以及大风的条件下。来自河岸的叶片不仅大,而且薄。来自沙丘植物的叶片明显减小,厚度变厚,并且相互之间更加紧凑。

图 13.7 不同土壤中蓍属的两个种,左边的生长于更加干旱条件下,生长出大量的表皮毛。

140. 表皮毛遮盖层——旱生植物经常表现出多毛的特征,表面覆盖的表皮毛是有效的防晒层。表皮毛是无生命的结构,中间充满了空气。这使得表皮毛能够反射光照,因此表现为白色或近于白色。通过表皮毛的光照反射,能够减弱到达植物功能区域的光照量(见图 13.7)。

141. 躯干特征——除了以上列举的植物减小叶片暴露面积以减少水分散失的方式以外,植物的特征也是一种有效的方式。在干燥地区,可能会观察到很多矮生植物,这样可以使干燥环境中的植物不会暴露很大的表面积(见图 13.8)。同样,在这种地区中,匍匐或者爬行习性相比于直立习性会大大减小暴露的面积。在这类习性中,非常典型的莲座状习性能够使植物叶片紧贴着地表相互重叠,从而减少通过蒸腾作用失去的水分。

图 13.8　两株常见的木贼,展示出在不同环境的影响:生长于普通的湿润条件下,植物长而无分枝;生长于沙丘(干旱)条件下时,植株短而多分枝且纤细。

图 13.9　铁海棠的幼苗,在干旱地区表现出生长多刺的特征。

干旱环境使植物形成荆棘或多刺的习性，是植物躯干特征发生最常见的变化之一。因此，干旱地区的植被都表现出多刺的特征。在水分条件更加适宜的情况下，很多植物形成多刺的部位会转变成普通的茎或叶。因此，这种结构可能代表某些部位在生长过程中，由于不利条件退化所形成的。这些荆棘和多刺的结构同时还能够保护植株免受动物的破坏。（见图 13.9、图 13.10、图 13.13、图 13.14）。

图 13.10　两株普通荆豆，表现出环境的影响：b 生长于湿润条件下；a 生长于干旱条件下，叶片和分枝几乎完全生长成刺。

图 13.11　金雀花的一个分枝，叶片缩小，刺状分枝。

142. 解剖学水平的适应性——旱生植物在解剖学水平上会产生一些突出的适应性改变。在干旱条件下，表皮经常会被表皮细胞的细胞壁形成的角质层覆盖，并且一直持续产生，最后角质层可能会变得非常厚。这样可以形成非常有效的保护层，并且能够减少水分的散失。同时在旱生植物中可以观察到发达的栅栏组织。在叶表面之下的叶片功能细胞伸长，并且细胞竖直朝向叶表面。这样，只有伸长细胞的末端得到光照，这些细胞排列得非常紧密，相互之间才不会有任何干燥的空气。在有些情况下，可能会形成不止一列栅栏组织。从这些栅栏组织细胞中，可以观察到叶绿体在细胞中能够调整位置，从而在光照非常强烈的时候,叶绿体可以移动到较暗的细胞底层,当光照不那么强烈的时候,也可以移动到更加靠外的区域(见图13.15)。另外,表皮细胞形成的气孔是蒸腾作用的重要调控器,相关内容已在前面介绍过。

143.储水功能——在干旱条件下,不仅需要关注蒸腾作用的调控,同时还要注意水分的储存,因为植物很难获取水分。我们经常能够发现植物的某个部位会形成储水组织。在很多叶片中,储水组织由一组无色的细胞组成,这一点与普通的功能细胞相区别(见图13.16)。干旱地区植物的叶片可能会由于储存了大量的水分变得肥厚多汁,如龙舌兰属及景天属植物等。肥厚肉质的叶片被认为是在干旱条件下最重要的适应变化。在仙人掌科植物中,独特的茎成为巨大的储水装置。仙人球的球状躯干是应对干旱最完美的方式,通过这种形态暴露的表面积最小,同时能够保证最大的蓄水量。很早就已经发现,在肉质叶片或肉质躯干的部位除了含有大量的水分之外,还有很强的存水能力。植物收藏家发现在干燥这些肉质植物时非常困难,即使是在最干燥的条件下,其中一些植物似乎也能将水分一直保存下去。

图13.12　刺槐的一个叶枝,可以看出叶片减小,叶柄尖刺状。

图13.13　一段伏牛花,表现出多刺的特征。

144. 旱生结构——以上给出的适应性都是从干旱条件下生长的植物中发现的,都能够起到减弱蒸腾作用的效果。然而,并不是只有生长在干旱环境下的植物才会表现出这些特征。这一类适应性的改变形成了旱生结构,并且这种结构可能会在水生植物中被发现。例如,生长在浅水域的芦苇,是水生群落的重要成员之一,但是其拥有明显的旱生结构。这可能是由于芦苇的茎秆有时会暴露在强烈的光照条件下。

一般大草原拥有富含水分的土壤,因而属于中生群落,但是很多草原上的植物结构非常耐旱,这可能是由于盛行的干燥风所导致的。

图 13.14 刺槐的枝条,多刺。

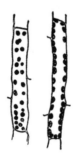

图 13.15 水韭的叶片细胞。图例中表示的是被光从正面照射的细胞。左边细胞中的叶绿体分散开来,接收光照。如图右所示,如果光照变强,细胞中的叶绿体移动到细胞壁以减少暴露程度。

普通的苔藓沼泽,或者泥炭沼泽属于水生群落。其中含有大量的水资源,并且不会像芦苇一样暴露在强烈的光照下,也不会像草原植物一样暴露在干燥的风中,但是其中生长的植物仍然表现出旱生结构。经研究发现,这可能是由于土壤中缺少某种重要物质。

因此,旱生结构显然不只限于干旱条件下。这也说明,将所有表现出旱生结构的植物归为一类,比根据水资源的多少进行分类,要更加合乎植物的本质特征。

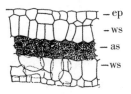

图 13.16　秋海棠叶片的纵切面,上下层为表皮细胞(ep),储水组织(ws)在下层表皮细胞之上,中间为含叶绿素的细胞区域(as)。

群落

图 13.17　覆满地衣的岩石。

本书中不对数量庞大的群落进行分类,只是举出一些显著的例子进行简要介绍。一些比较突出的群落如下:"岩石群落",由生活在裸露的岩石上的植物组成,如地衣和苔藓等(图 13.17);"沙地群落",包括沙滩、沙丘(见图 13.18)等;"灌木群落",以石南植物为代表;"草原",形成于内陆大片区域,空气干旱(图 13.19);"仙人掌荒漠",墨西哥非常干旱的地区,生长着仙人掌、龙舌兰等(见图 13.22);"热带沙漠",高温缺水,达到了极度干旱的程度;"旱生灌木丛",在所有灌木丛类型中是最难穿行的,以美国西南地区(见图 13.20),以及非洲和澳大利亚的灌木丛为代表;"旱生森林",主要包括松柏科植物。(见图 13.24、图 13.25)

图 13.18　沙丘正在侵占着各种植物群落。最前方被蚕食的是含有芦苇的沼泽。靠后一些的是松树和橡树的混合林。在树林之后，一片沼泽池正在被沙丘侵蚀，再往后是另一片混合林区域。在这一特殊的例子中，可以注意到沙丘在沼泽区域凸显出去，而在森林区域凹陷进来。

图 13.19　一片草原，表现出不同层次的特征，粗草、草本植物以及矮灌木（一般为矮灌丛）占主导地位。最前面的是三角叶杨，朦胧的背景是水气或雾气导致的，表明空气湿度较大。

图 13.20　德克萨斯州的一处灌木斜坡，属于旱生灌木丛。

图 13.21 两株仙人柱。注意植株表面的凹槽,粗大的分枝,植株表面无叶,生长于以岩石和贫瘠土壤为特征的仙人掌荒漠之上。可以看到前方有一些枯草,以及一些个体矮小且叶片较小的灌木植物。

图 13.22 仙人掌荒漠,地面粗糙,多岩石,生长着一些仙人掌和仙人柱。

图 13.23 泥炭沼泽。石南植物覆盖的小岛(较暗的区域)在一片莎草丛生的沼泽中(较亮的区域)。

图 13.24 田纳西州坎伯兰山脉的松柏林。松树在岩石裂缝中扎根生长。

图 13.25 一片南方松树林，最前方生长着一片美洲蒲葵。

图 13.26 田纳西州的一片山中白橡树林，林间空旷，为底层植物提供了生长空间。

第十四章　中生植物群落

145. 一般特征——中生植物组成了温带地区的大部分植被，也是我们平时最常见且研究最多的植物。这些地区水分充足，降水一般比较均匀，土壤中富含腐殖质。由于没有极端气候的存在，植物不会出现如旱生或者水生所必需的特殊的适应性变化。这可以被认作是普通植物正常的形态。这也是适合耕作的条件，这种环境下的很多植物被人类驯化成耕种的作物。当进行耕作时，要对干旱地区进行灌溉，对水生环境进行排水，通过这样来将这些条件改造成中生条件。

仔细观察中生地区，并且与旱生地区进行对比，前者植物叶片的形态要更加丰富。中生条件下，叶片显示出非常突出的多样性。而在水生和旱生条件下，这些区域叶片的形态趋于一致。另外一个形成鲜明对比的就是，中生地区的植物密度要远大于旱生地区，甚至要比水生地区的植物更加密集。

中生植物群落中，不仅包括自然群落，还包括由于人类活动形成的新的群落。这些新群落由从外引入的杂草和栽培的植物所组成，并且不会在水生或者旱生植物群落中出现。

146. 群落的两大种类——中生植物中包括两大类显著的群落类

型,尽管两者之间的差异可能像中生植物与旱生植物群落之间的差异一样明显。其中一类由较矮的植被层组成,例如常见的禾本和草本类的植物;另一类是由较高的木本植被层组成,包括灌木和乔木。这些存在差异的最典型的类别如下。

中生植物中的禾本和草本群落都是"寒带或高山的覆盖层",所以典型的高纬度和高海拔地区的环境中不会有乔木、灌木,甚至是草本植物;"草甸",主要被草本植物所占据(见图 14.3),北美大草原属于最大的草甸,生长着丰富多样的草类(见图 14.4);"草地",相比草甸更加干燥开阔。

木本中生植物中群落就是所谓的"丛林",包括柳树、桤树、赤杨、桦树、榛树等,要么全都由树木组成,要么由灌木、荆棘,以及高大的草类组成混合森林;"落叶林",温带风景最灿烂的地区,叶片形态丰富多彩,叶片每年落下,展现出令人惊叹的绚丽的秋景(见图 14.1、图 14.2);"热带雨林",信风所处的地区,雨水丰沛,热量充足,这里的植被分布达到了世界上最茂密的程度,湿润的气候形成了巨大的丛林,包括各种参差不齐的树木、大小不一的灌木丛、或高或低的草类,各种藤蔓植物和藤本植物紧密结合而盘根错节,并且被无数生长旺盛的附生植物所覆盖(见图 14.5)。

图 14.1　美国田纳西州的一片栗树林,几乎完全由高大的树木组成。

图14.2　河谷森林,混合森林(包括椴树、榆树等),下层生长着以草夹竹桃属植物为代表的春季草类。

图14.3　自然草甸,从冲积平原发展而来;中间的树木来自于原始的陆地植物,而不是由溪流侵蚀而来。

图14.4　大草原。地表平坦,草本植物覆盖层中间夹杂着粗糙的禾本植物(照片中颜色较暗的部分)。

图14.5　热带雨林。植被茂密,有大量的藤蔓植物,叶片紧凑多分枝。

第十五章　植物类群

147. 结构差异——即使随机地让一个人去观察，也会发现植物在结构上有很明显的差异。它们不仅在形态和大小上有所区别，在复杂程度上也有不同。一些植物结构比较简单，其他的则相对比较复杂，前者被认为是低等植物。例如，地衣、苔藓与橡树之间在形态和大小，以及复杂程度都表现出很大的不同，由于复杂程度的差异，一般认为橡树比地衣和苔藓要高级。一定不要误认为等级是根据植物个体的大小来评判，因为高等植物中有很多植物都很小。

从最简单的植物，即最低等植物，到最高等植物的梯度变化缓慢。植物这种连续性变化中存在一些明显的中断点，例如结构、一些特定的功能习性表现出决定性的变化，可以根据这些断层将各种各样的植物分门别类。其中一些性状的断层要比其他的表现得更加重要，但是通常会选取三个最重要的因素将植物界分为四大类。

148. 类群——在这里虽然会给出四大类群，但是需要注意的是，在研究这四大类群所代表的植物类型之前，它们的名称没有任何意义。在这里，我们会注意到，所有门的英文名称后面都连着"phytes"的后缀，在希腊语中代表"plant"，即植物的意思。每个名称的前缀也都属于希腊词，表示的是植物类别的名称。

（1）菌藻植物（Thallophytes）——即叶状体植物，但是"叶状体"这一词语只有在观察一些植物之后才能解释清楚其所代表的意思。这一类植物包括一些最简单形式的植物，例如藻类和真菌类，前者表现为在淡水中纤维状生长或者寄生于海草中，后者以霉菌、蘑菇等为代表。

（2）苔藓植物（Bryophytes）——从字面意思可以看出，这类植物包含明确的植物类型，人们都知道苔藓，而与苔藓归为一类的苔类植物虽然很普通，但是一般并不为人所知。

（3）蕨类植物（Pteridophytes）——蕨类植物为人们所熟悉，在这里蕨类植物还包括了木贼类植物和石松类植物。

（4）种子植物（Spermatophytes）——即能够产生种子的植物。一般来说，这类最为人们所熟悉的植物，通常也会称为开花植物。种子植物属于最高级的植物，并且是最显眼的，因此受到的关注也更多。在以前的植物学研究中，学者们只限定于研究这一类植物，而完全忽略了其他三类。

149. 复杂程度的增加——首先，我们要知道菌藻植物包含最简单的植物，这些植物没有发育出用于特定功能的器官，而随着从苔藓植物到蕨类植物，再到种子植物，随着等级逐渐升高，植物个体的复杂性不断增强，直到种子植物呈现出高度的组织特异性，产生无数个有特定功能的结构，就如同高等动物的四肢、眼睛、耳朵、骨骼、肌肉、神经等。这种复杂程度的增加通常称为分化——也就是分离出特定功能的结构。因此，苔藓植物要比菌藻植物的分化程度更高，种子植物是植物种类中分化程度最高的。

150. 营养和繁殖——不论植物的复杂程度有多大的变化，它们完成的都是相同的功能。复杂程度的增加只是为了更加高效地行使功能。正是植物所进行的功能使植物产生特异的结构，因而在本书中不会试图将二者分离。所有植物的功能可以归为两类，营养和繁殖。前者包括植物为维持自身生存的所有生命活动,后者则是产生新植株的生命活动。在低等植物中,这两类功能在个体上不会存在部位上的差异,但是通常分化的第一步就是生殖功能与营养功能相分离,从而产生特殊的生殖器官,与一般的营养部位完全区分开。

151. 植物的进化——通常认为,复杂的植物是从简单的植物进化而来,例如苔藓植物来源于菌藻植物等。因此,我们认为,所有的植物种类之间都存在某种形式的联系,植物学中的一大难题就是探索这些联系是什么。在理解较高等的植物前,必须要先研究与其相关联的较低等的植物。因此,本书试图追踪植物界的进化过程,从最简单的植物形式开始,然后逐级增加复杂程度,直到最高等级的形式。

第十六章　菌藻植物：藻类

152. 一般特征——菌藻植物是最简单的植物，由于体型过小而很少被觉察到，但是也有部分植物体型很大。它们随处可见且数量庞大，作为植物界最基本类型的代表而备受关注。在这一类植物中，井然有序地进行着植物所有的基础功能，因此对菌藻植物的研究能够为研究等级更高、结构更加复杂的植物提供线索。

菌藻植物的"叶状体"即指营养体。营养体没有分化出像高等植物叶片或根那样特殊的营养器官，植物整体都比较一致。其自然状态下的状态也不是直立，而是匍匐的。然而所有的菌藻植物都有营养体，海洋中一些植物的营养体会分化出类似于叶片、茎和根的部位；同时一些苔藓植物中也存在营养体。因此，营养体并不一定是区分菌藻植物的标识，而是要通过其他特征的补充来决定类别。

153. 藻类和真菌——一般来说，可以将菌藻植物分为两大类，即藻类和真菌。需要知道的是，这是非常笼统的分类，而不是专门的分类，因为在严格意义上来说，菌藻植物中还有一些植物不能被归为藻类或者真菌，只是暂时将那些植物归到这两类中。

菌藻植物的两大分类中最大的区别在于藻类含有叶绿素，而真菌中没有。叶绿素是在植物中发现的，能表现出绿色特征的物质。

可能会有人认为，仅仅以这种绿色的物质作为这么重要的分类依据会过于浅薄，但是叶绿素的出现使植物获得了特殊的能力，能够影响植物营养体的整体结构及生命习性。叶绿素的出现意味着植物能够独立于其他植物和动物，实现能量供应的自给自足。考虑到藻类能够利用无机物合成自身利用的营养物质，因而认为藻类是光能自养叶状体植物。

另一方面来说，真菌不含有叶绿素，不能利用无机物制造营养物质，因而必须从其他动植物中获取已经合成的营养物质。从这一点来说，它们依赖于其他有机体，属于异养生物，这种依赖性为其结构和生命习性带来了巨大的变化。

有人认为，真菌是由藻类退化而来的——即它们曾经属于藻类，然后逐渐取得异养的习性，因而丢失了自身的叶绿素，成为完全的异养生物，自身的结构也或多或少地发生了变化。因此，真菌可能是藻类退化的近缘类群，在起源和结构上处于同一等级，但是有着不同的习性。

藻类

154. 一般特征——就如同前面定义的。藻类是含有叶绿素的叶状体植物，因此能够利用无机物制造营养物质。它们通常以海藻的形式为人所知，但是除了在海水中以外，淡水中也存在很多藻类。从只能在复式显微镜下看到的微小单细胞到海洋中体积庞大的海草，不同藻类在形态大小上存在很大的变异。藻类一般属于水生植物——即适应于在水中或者非常潮湿的环境下生存的植物。人们认为藻类是植物界的祖先，更高级的植物与其都存在一定的联系，因而对这类植物尤为感兴趣。从这方面来说，藻类与真菌不同，真菌被认为与任何更高级的植物都不存在联系。

155. 亚类——尽管所有的藻类都含有叶绿素，但是并不是所有的藻类都表现出绿色。其中一些被与叶绿素结合的其他颜色的物质完全掩盖。在这里，我们可以利用这些颜色，对藻类进行进一步分类。由于颜色伴随着藻类结构和功能的连续变化，颜色的分类要比仅从外观上区分更加明显。基于这一点，藻类可以分为四大类。类别英文名中的后缀"phycea"，在希腊文中表示海藻，是藻类的俗称；每个类别英文名的前缀表示的是区分类别的颜色的希腊文名称。

四个亚类如下：①蓝藻（Cyanophyceae），通常又称为蓝绿藻，因为蓝色不会完全掩盖掉绿色，一般表现出蓝绿色的色调；②绿藻（Chlorophyceae）没有其他颜色物质与叶绿素结合；③褐藻（Phaeophyta）；④红藻（Rhodophyceae）。

需要注意的是，虽然蓝藻与其他藻类关系不大，但是为了便于叙述，在这里将蓝藻联系在一起进行展示。

156. 植物体——这一名称包括植物的营养部位和生殖部位。植物最小的结构单元是细胞。最简单的植物体是由单个细胞构成的，而结构复杂的植物则包含了数量众多的细胞。在理解藻类或者其他植物体之前，要先了解一些关于普通活体植物细胞的内容。

细胞在自然状态下大致呈球形（见图 17.5），但是如果被临近的细胞挤压，会表现出各种各样的状态（见图 16.1）。细胞外部有一层由纤维素组成的薄薄的、可伸缩的细胞壁。细胞壁形成了精致的液囊，里面包含着被称为原生质体的活性物质。原生质体会呈现出生命特征，是植物中唯一有活力的物质。其产生纤维素构成的细胞壁，用于保护自身并且完成所有的植物功能。原生质体以流体物质的形式存在，连续性存在很大的差异，有时是像鸡蛋清一样稀疏的黏性流体，有时则非常浓稠紧密。

细胞的原生质体内存在各种结构，被称为细胞器，每个细胞器有一项或多项特殊的功能。活细胞中最引人注意的细胞器就是细胞核，其表现为相对紧凑且通常为球形的胶质结构，一般位于细胞的中

心位置(见图 16.1)。围绕细胞核填充在细胞壁腔内的是一团较稀薄的原生质,称为细胞质。细胞质好比是形成了细胞的背景或者说是基质,而细胞核嵌入其中(见图 16.1)。每个活细胞至少都包括细胞质和细胞核。有时细胞会缺少细胞壁,裸露的细胞就只包括细胞核和细胞质。

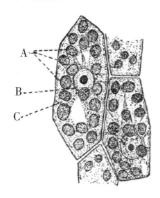

图 16.1 藻类叶片的细胞,可以观察到细胞核 B、细胞质 C 和叶绿体 A。

藻类及其他植物细胞中非常显眼的另一种细胞器就是质体。质体结构相对紧凑,一般为球形,位于细胞质中。质体存在的形式有很多,最常见的一种包含叶绿素,其外形因此呈现出绿色。这种含有叶绿素的质体称为叶绿体(见图 16.1)。因此,普通的藻类细胞中,包括一层细胞壁,其内是由细胞质、细胞核、质体组成的原生质体。

最简单的藻类仅仅由单个这样的细胞组成,可以被认为是最简单的植物体的形态。从最简单的形态开始,其中一种向更复杂的形态进化的方式,是这类细胞组织成链状的松散行列(见图 17.2);进一步,在行列形态中的细胞变得更加紧密且扁平,形成简单的丝状结构(见图 17.2);更进一步,这种原始的丝状结构发展出与自身相同的分支,产生分支丝状结构(见图 17.7)。这些丝状的结构是藻类非常典型的形态。

再次从单细胞个体出发,另一种进化方式是多个细胞朝着两个方向组织起来,形成细胞盘。另外一种发展方式是朝着三个方向组织形成细胞团。

因此,藻类中最简单的形态就是单细胞,最复杂的形态就是细胞组成的丝状、盘状或团状。

157. 生殖——除了营养的功能,植物体必须组织进行生殖。由于营养体从最简单的单细胞形态开始,然后形成更加复杂的形态,因而生殖也是从非常简单的方式逐渐变得更加复杂。藻类和所有其他植物通常采取的两种生殖方式为:

(1)营养生殖——低等藻类仅采用这一种生殖方式,就算在较高级的植物中进化出了其他的生殖方式,但这种生殖方式依然延续下来。这种方式不需要任何特殊的生殖体,仅使用普通的营养部位就可以完成。例如,如果植物个体是由单细胞组成的,细胞自身可以分裂为两个,每一半都可以生长成为完整且独立的细胞,因而从原来的一个个体变成了两个(见图 17.3)。这种细胞分裂的过程非常复杂且非常重要,只有涉及细胞核和细胞质的分裂,才能够使新细胞与原来的细胞一样。不论是哪个部位的营养细胞直接用于产生新的植物个体,这一过程都是营养生殖。营养生殖的方式可以用这一公式表示:P—P—P—P—P,其中的 P 代表植物,公式表示植物的生殖过程直接从一个植物到下一个植物,不需要任何特殊结构的介入。

(2)孢子生殖——孢子是专门为了生殖而形成的,与植物的营养功能没有任何关系。孢子的生殖能力都比较相似,但是它们却形成了两种非常不同的生殖方式。需要注意的是,两类孢子的生殖能力相同,但来源不同。

无性孢子——由细胞分化形成。植物体中的某个细胞被选中用于生殖时,通常这一细胞内的物质会分化形成数量不等的新细胞(见图 17.5 中的 B)。产生的新细胞被称为无性孢子,形成这些细胞的被称为母细胞。这种特殊的细胞分裂方式,并不会涉及细胞壁,通常被称为内部分裂,以区分营养细胞的普通细胞分裂方式,而这一过程中会涉及细胞壁。

产生孢子的母细胞与植物体的其他细胞不同,被称为孢子囊,意思即“孢子的容器”。通常一个细胞在一段时间内起着营养功能,而之后成为母细胞就会起着孢子囊的作用。孢子囊壁通常是开放的,孢子会被散播出去，从而形成新的植物。无性孢子被给予了很多名称，以表明其某种特性。大部分藻类都处于水中，这类无性孢子的特征是利用微小的毛状突起或者说鞭毛在水中游动（见图 17.6 中的C）。这种有鞭毛的孢子被称为"游动孢子"，或者"动物类孢子"，以表明其运动的能力。

这种生殖的方式可以用公式表示为：P—o—P—o—P—o—P，表明新的植物不是如同营养生殖一样直接从原先的植物产生，而是在继代之间存在着无性孢子。

有性孢子——通过细胞连合形成，两个细胞融合到一起形成孢子。这种通过两个细胞融合产生孢子的过程被称为有性生殖，两种特殊的细胞（性细胞）被称为配子（见图 17.5）。需要注意的是，配子并不是孢子，因为它们并不能单独发育成新的植株；只有在两者融合后形成新的细胞时才是孢子，才能生长出新的植株。通过这种方式产生的孢子与无性孢子的生殖能力并没有区别，而在来源的方式上却有很大的区别。

配子从母细胞分化而来，这类细胞与植物其他细胞有明显区别，被称为配子囊，意思即"配子的容器"。

这种生殖的方式可以用公式表示为：P ＝ ■ ＞o—P ＝ ■ ＞o—P＝ ■ ＞o—P，表示两个由植物产生的特殊细胞（配子）融合后形成一个细胞（有性孢子），然后形成新的植物。

最初，两种配子在尺寸和活性上相似，这种生殖方式被称为同配生殖——即利用相同的配子。而在其他一些植物中，配子产生了很大差异，其中一种较大且活性较低，被称为卵子，另外一种则很小且活性较高，被称为精子。这种生殖方式被称为异配生殖——即利用不同的配子。产生卵子的配子囊被称为藏卵器，产生精子的即藏精器。

在这里，一定不要认为植物只利用三种生殖方式的一种（营养生殖，无性孢子生殖，有性孢子生殖），而不使用其他两种方式。有可能同一植株中会采用三种生殖方式，因而其新植株可能会来源于三种不同的生殖方式。

第十七章　藻类植物

158. 一般特征——藻类在菌藻植物中通过有无叶绿素来加以区分。菌藻植物分为四大类：蓝藻（Cyanophyceae）、绿藻（Chlorophyceae）、褐藻（Phaeophyceae）及红藻（Rhodophyceae），其中三类植物的颜色物质与叶绿素相关。由于篇幅限制，我们对每一类仅列出一些代表性的植物，但这也足以表现这些植物突出的特征。

蓝藻（蓝绿藻）

159. 色球藻——一般呈蓝绿色或者橄榄绿色的块状，常生长于潮湿的树干、岩石、墙壁等环境下。在显微镜下，可以观察到这些块状物由众多球状的细胞组成，每个细胞都是一个完整的色球藻个体。色球藻的细胞壁膨胀而具有黏性，围绕细胞形成果胶质鞘。每个细胞以普通的方式分裂，形成两个新的色球藻个体，这种营养繁殖的方式也是其唯一的繁殖方式（见图17.1）。

当通过这种方式形成新细胞时，膨胀黏性的细胞壁会将它们包裹在一起，因此很多细胞或个体都是共同嵌合在果胶质状的细胞壁中的（见图17.1）。这些个体形成的嵌合组被称为菌落，并且随着菌落的扩大，会分裂形成新的菌落，组成菌落的单个个体会继续分裂形

成新的个体,呈现出非常简单的生活史,而实际上越简单可能越难以想象。

图 17.1　色球藻,一种蓝绿藻,单细胞,分裂形成多个细胞被果胶质鞘包裹在一起。

图 17.2　念珠藻,一种蓝绿藻,表现出念珠状的片段,异形细胞 A 决定了念珠链的断裂位置。

160. 念珠藻——念珠藻在潮湿环境中以胶状物的形式聚集在一起。如果仔细检查这些胶状物,会发现其中嵌合着无数的像色球藻一样的细胞,但是这类细胞紧密连合在一起,形成长度各异的念珠状的丝状体(见图 17.2)。这些长链外的果胶质鞘与色球藻中发现的一样,由膨胀而具有黏性的细胞壁形成。

一个值得注意的现象是,念珠状的丝状体中,所有的细胞不尽相同,中间会无规律地夹杂着较大的无色细胞,表现出细胞的分化。这些较大的细胞被称为异形细胞(见图 17.2 中的 A),意思就是不同的细胞。当长链断裂时,会观察到每个片段都是两个异形细胞夹着中间的细胞。分裂的片段从果胶质鞘中摆脱出来,形成新的念珠藻的群落,每个细胞都会分裂以增加丝状体的长度。这种产生新细胞的分裂就是繁殖的典型方式。

在不利条件下,一些丝状体中的细胞的细胞壁会变厚以得到充分的保护。这些细胞经受严寒或者其他逆境条件后,重新迎来适宜

的条件时,就会产生新的细胞链,这些细胞经常被称为孢子,但是"休眠细胞"的名称会更为贴切。

图 17.3

颤藻,一种蓝藻,图中展示了一组丝状体 A,和放大后的单个丝状体 B。

161. 颤藻——这一形态的藻类常发现于潮湿的岩石土壤,或者水面,呈蓝绿色,表面黏滑且聚集在一起。颤藻为简单的丝状体,由非常短且扁平的细胞组成(见图 17.3)。颤藻的名称来源于其通过颤动而移动的特殊方式。这些运动的藻丝相互分离,而不是像念珠藻一样由果胶质鞘包裹在一起,但是细胞壁产生了一定的黏液,从而使颤藻有光滑的触感,有时会围绕一列细胞形成薄薄的黏液层。

除了终端细胞的自由面呈半球形外,组成颤藻的细胞都非常相似。如果丝状体断裂,暴露出一个新的细胞表面,这一表面会立即变成半球形。如果丝状体中的一个单细胞从整体中脱离,两边的扁平面都会变成半球形,从而使细胞成为球形或近似球形。这些现象至少可以推断出两项重要的结论:①细胞壁具有可塑性,从而能够改变细胞的外形;②细胞内侧存在向外的压力,因而细胞壁在细胞自由的状态下向外膨胀。在所有的活细胞中,细胞壁的压力来自细胞内。

颤藻丝状体的每个细胞都有分裂的能力,从而形成新细胞以延长丝状体。丝状体可能会断裂成很多长度不一的片段,每个片段会通过细胞分裂形成新的丝状体。在这里,颤藻利用的也是营养繁殖的方式。

162. 总结——如果将色球藻、念珠藻和颤藻作为蓝藻的代表性藻类,我们可以得出关于蓝藻的一些整体的结论。植物体非常简单,由单细胞或者细胞形成的丝状体组成。尽管在念珠藻和颤藻中,细胞被排列成链状或者丝状,但每个细胞似乎都能独自生存并且行使功能,这种丝状体似乎更是单个细胞的聚集体。在这一层面来说,这些植物都可以看成是单细胞。

念珠藻的异形细胞为连接丝状体断裂点的特殊细胞,异形细胞的出现会表现出分化现象。而颤藻丝状体断裂时并不需要异形细胞。

同时,蓝藻很好地展示了运动的能力,颤藻自由的丝状体几乎可以持续地运动,念珠藻嵌合的长链时常会移动以脱离束缚它们的黏液。

这一藻类同时也表现出将细胞壁物质转化成黏液并有膨胀的强烈的倾向,在念珠藻和色球藻中尤为明显。

其他区别性的标志就是通过营养繁殖的传代方式,利用普通的细胞自由分裂从而实现增殖。在寒冷或其他不利条件下,单细胞会形成厚厚的细胞壁来抵御逆境,重新处于适宜条件后,又会产生新的一系列个体。这些细胞可以被看作是休眠细胞。由于蓝藻通过分裂的繁殖方式非常特别,所以经常会将其与其他藻类区分开,称为“裂殖藻”,从而将其归为裂殖藻纲。从这一点来说,它们类似于裂殖菌类,通常也称之为细菌。由于二者关系非常接近,经常会将它们联系到一起,归为分裂植物,与其他普通的藻类和菌类区分开。

绿藻

163. 球藻——球藻属于绿藻的一种类型。常聚集覆盖于潮湿的树干上,看上去像是一片绿色的斑点。这些微小的颗粒状聚集物由众多类似于色球藻的球形细胞组成,除了细胞中叶绿素不含有蓝色物质,这些细胞也不是嵌合在胶质鞘内。这些细胞可能是相互独立的,或者黏合成不同大小的聚集体(见图 17.4)。同色球藻一样,这类简单形态的植物,只能通过细胞分裂形成两个新细胞的方式进行繁殖。因此,绿藻最基础类型的形态很明显与蓝藻中的藻类一样简单。

球藻过去常作为原球藻的代表类型,原球藻属于绿藻,为单细胞形态。实际上球藻可能并不属于原球藻属,而应该是更高级植物中较低级的成员,但是由于球藻过于常见,并且属于典型的单细胞绿藻,因而会将二者联系起来。同时,虽然最简单的球藻只能通过分裂进行繁殖,但其他的原球藻也加入了其他的繁殖方法,因此部分学者将其归为另外一种繁殖方式。

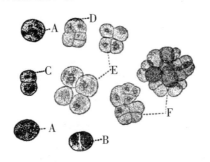

图 17.4　球藻,单细胞绿藻。A,拥有细胞核的成熟绿藻;B、C、D、E,形成新细胞过程中不同的细胞分裂阶段;F,紧密联系细胞聚集物。

164. 丝藻——常见于淡水中,由短而近似方形的细胞组成简单的丝状体,很容易辨认,每个细胞包含单个明显的圆柱状的叶绿体(见图 17.5)。

丝藻所有的细胞都很相似,唯一不同的是丝状体最下部的细胞颜色最浅,并且长度有所增加,被改造成固定装置,将丝状体固定在一些稳定的支撑物上。除了这个特例以外,所有的细胞都是营养细胞,并且每个细胞都有繁殖能力。这表明细胞的营养功能和生殖功能并没有完全分化,同一个细胞可能在一段时间内起着营养功能,在另外一段时间内又执行生殖功能。丝藻细胞通过细胞分裂来增殖丝状体的细胞,从原来的丝状体片段产生新的丝状体;但是细胞同时又会产生游动孢子,然后配子结合形成接合子。游动孢子和接合子都有出芽的能力——即有产生新植株的能力。接合子发芽的过程中,并不是直接产生新的丝状体,而是接合子内部先形成多个游动孢子,每个游动孢子再产生新的丝状体(见图 17.5 中的 F、G)。因此,三种繁殖方式都会表现出来,但是有性生殖的方式属于简单的同配生殖,配对的配子都是一样的。

丝藻是丝状绿藻中一种具有代表性的形态,是最典型的绿藻。然而,所有的丝状绿藻并不都是同配生殖的,这会在下文举例说明。

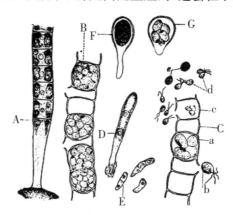

图 17.5　丝藻,丝状绿藻形态。A,丝状体的基部,可以看到最下部的固定细胞,每个营养细胞都有单个明显的圆柱状叶绿体(从横截面看)围绕着中间的细胞核;B,四个细胞包含着大量较小的游动孢子;C,丝状体片段显示出一个细胞(a)中含有四个游动孢子,其中一个游动孢子(b)从孢子囊中脱离后,可以看到尖末端形成的鞭毛,另一类较小的双鞭毛游动孢子(c)脱离后,配子配对(d),结合形成接合子(e);D,接合子产生新的丝状体;E,由较小的配子形成的薄弱的丝状体;F,接合子在休眠后开始生长;G,由接合子产生的游动孢子。

165. 鞘藻——淡水中常见的绿藻(图 17.6)。丝状体长而简单,同丝藻一样,最下层的基细胞起着固着器的作用。其他细胞要比丝藻细胞长,每个细胞都包含一个细胞核,并且看似有多个叶绿体,但其实只有一个较大的复杂叶绿体。

丝状体的细胞有分裂的能力,因而能够增加丝状体的长度。任何细胞都可能成为孢子囊,母细胞中形成的一个相对较大的无性孢子,为游动孢子。游动孢子从母细胞中脱离进入水中,在其相对较突出且光滑的端部由鞭毛形成了"顶冠",通过这种形式的鞭毛能够更加高效地游动(见图 17.6 中的 C)。移动一段距离后,游动孢子进入休止状态,较光滑的一端附着在支撑物上,然后开始增长、分裂,进而形成新的丝状体(见图 17.6 中的 D、E)。

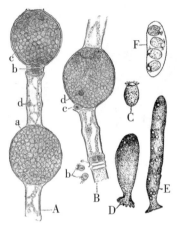

图 17.6　鞘藻,丝状绿藻的一种形态:A,丝状体的一部分,可以看到营养细胞及其细胞核 d,藏卵器 a 中充满了营养物质和一个雌孢子,第二个藏卵器中包含了一个受精的雌孢子,或者说卵孢子,其外部形成厚细胞壁。两个精子囊 b,每个包含两个雄孢子;B,另一个丝状体,可以看到两个雄孢子 b 从藏精囊 a 中脱离,一个有细胞核的营养细胞,以及一个进入了雄孢子 c 的藏卵器,雄孢子即将与雌孢子结合,可以观察到雌孢子的细胞核 d;C,从营养细胞中形成的游动孢子,表现出如同雄孢子一样的鞭毛顶冠和光滑的尖端;D,一个游动孢子产生一个新的丝状体,基部伸出固着器并增长;E,更进一步的发育;F,卵孢子萌发后形成的四个游动孢子。

尽管普通的细胞在多次分裂后并不会随之进行延长,同一丝状体中的部分细胞,或者其他丝状体中的细胞,与丝状体中的普通细胞相比较短(见图 17.6 中的 A、f、B、a)。在这些短细胞中会产生一到两个雄孢子,因而每个短细胞都是精子囊。当雄孢子被释放出后,可以观察到其非常类似于较小的游动孢子,在其末端有着相同的一圈鞭毛。

雄孢子在卵孢子囊附近充满活力地游动着,最终其中的一个雄孢子会通过卵孢子囊外壁的孔洞,与雌孢子结合(见图 17.6 中的 B、c)。受精完成后会形成一个卵孢子,外部则产生坚固的细胞壁。坚固的细胞壁表明卵孢子不会马上萌发,而是要进入休眠阶段。形成厚实的细胞壁且进入休眠状态的孢子常被称为"休眠孢子",对于接合子和卵孢子来说,成为休眠孢子非常常见。这些休眠孢子能够使植物在不利条件下生存下来,例如营养不足、寒冷和干旱等。当恢复有利条件后,被保护得非常好的休眠孢子又会准备发芽。

当鞘藻的卵孢子萌发时,不会直接发育成新的丝状体,而是会形成四个游动孢子(见图 17.6 中的 F),游动孢子脱离后,每个都会形成一个丝状体。这样,每个卵孢子能够产生四个丝状体。

很明显,鞘藻属于异配生殖植物,属于另外一种丝状绿藻植物。丝状绿藻植物体并不都是像丝藻和鞘藻这样,是简单的丝状体,有些情况下会形成众多的分枝,例如在河流和湖泊中常见的刚毛藻(见图 17.7)。刚毛藻细胞长而密集,充满着叶绿体;分枝顶端的一些细胞会形成众多的游动孢子,每个游动孢子在尖末端有一对鞭毛,因而被称为双鞭毛游动孢子。

166. 无隔藻——这是一种最常见的绿藻,多生于浅水和潮湿的土壤中,密集丛生呈绿色垫状。丝状体非常长,常会产生众多的分枝,但是其最大的特点是整个植株体中没有横隔的细胞壁,整个个体是一个长而连续的体腔(见图 17.8)。有时会被误认为是单细胞体,但这其实是错误的。无隔藻的体腔中充满了大量的原生质体,不仅有很多的叶绿体,还有很多细胞核。正如前面所说,无论细胞壁存在与否,单个细胞核者与一些细胞质组织形成一个细胞。因此,无隔藻的植物体有多少个细胞核,就由多少个细胞组成,细胞的原生质结构没有被细胞壁分隔开。这种由多个细胞组成,但是细胞间没有间隔的个体被称为多核体,或者是多核细胞的个体。无隔藻代表了绿藻中很大一部分多核体的藻类,从结构上来说,它们被称为虹吸形态。

图 17.7　刚毛藻,一种有分枝的绿藻,图片仅展示了植物体非常小的一部分。在细胞上末端产生分枝,这些细胞为多核细胞。

无隔藻产生的游动孢子非常大。分枝的尖端与植物体其余部分分隔开,进而担任孢子囊的作用(见图 17.8 中的 B)。这种简易的孢子囊会形成一个很大的游动孢子,四周都具有鞭毛,通过挤压从外壁的孔洞脱离(见图 17.8 中的 C),游动一段时间后,最终形成另一个新的无隔藻植物体(见图 17.8 中的 E、图 17.9)。值得一提的是,这么大且被称为游动孢子,并且表现得像一个细胞的个体,实际上由大量微小的有双鞭毛的游动孢子组成,就如同表面上是单细胞的营养体,其实由很多细胞组成。在这种大游动孢子中存在很多细胞核,每个细胞核与形成的双鞭毛相联系。每个细胞核与其细胞质以及两个鞭毛代表一个小双鞭毛游动孢子,就如同刚毛藻中一样。

无隔藻也会生长出精子囊和藏卵器。通常形态下,两个性器官表现为短而特殊的分枝,生长于多核体的侧边,并且被间隔的细胞壁与整体之间隔开(见图 17.10)。藏卵器为一个球形细胞,产生一个孔洞能够让雄孢子进入,藏卵器内形成一个较大的卵子(见图 17.10 中的 B)。精子囊相对较小,其内形成无数非常小的雄孢子(图 17.11 的 A 和 a)。雄孢子被释放后,在藏卵器附近游动,最后其中一个雄孢子通过小孔进入,与雌孢子结合形成卵孢子。卵孢子形成较厚的细胞壁,成为休眠细胞。

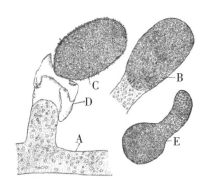

图 17.8　双生无隔藻。虹吸形态,多核体(A)的部位生长出分枝,分枝的末端形成孢子囊(B),孢子囊中产生一个大游动孢子,游动孢子(C)随后以多核体的形式从孢子囊(D)中被释放出来,进而发育形成新的多倍体个体(E)。

图 17.9　孢子(sp)中发芽生长出新生的无隔藻,附着器(w)如图所示。

无隔藻类明显属于异配生殖,但是所有其他的虹吸形态是同配生殖,其中的气球藻就是很好的例子。

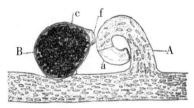

图 17.10 无柄无隔藻,虹吸形态的一种。图中展示了多核体部位,精子囊分枝(A)以及尖端的空精子囊(a);包含着一个卵孢子(c)的藏卵器(B),雄孢子从开口(f)处进入,与雌孢子结合。

图 17.11 气球藻,绿藻的虹吸形态之一。整个植物体为一个连续的体腔,包括球状顶端、含叶绿素部位及根状分枝,根状分枝使植物扎进泥中进而生长。

167. 水绵——最常见的池塘绿藻层,触感黏滑,纤细的丝状体呈片状或团状聚集在一起,常生长于静水中或泉水周边。丝状体结构简单,但是基部由一种特殊的细胞固定,如同丝藻和鞘藻中一样。细胞中含有一种特别的叶绿体,其表现为带状且沿着细胞壁呈螺旋状分布。一个细胞中可能含有一条或者多条这种叶绿体条带,形成非常奇特而显著的结构(见图 17.12、图 17.13)。

水绵及其近缘物种产生无性孢子以及有性繁殖的方式更加独特。两个相邻的丝状体相互伸出管状物形成通道,其中一个丝状体的细胞伸出突起去寻找另一个丝状体细胞中对应的突起。当这两个突起的尖端接触后,末端的细胞壁就会消失,两个细胞之间形成连续的管道并进一步扩展,连接管道称为接合管(见图 17.13、图 17.14)。当两个相邻的丝状体中的很多细胞都形成这样的接合管时,会形成梯子一样的结构,丝状体就如同侧边的长杆,连接的管道就是中间攀爬的横杆。

图 17.12 水绵,接合藻的一种形态,图中展示的为一个完整的细胞和另外两个细胞的部分。带状的叶绿体从细胞的一个末端盘旋扩展到另一端,叶绿体中镶嵌着节状的物体(蛋白核),细胞中的细胞核悬浮在辐射分布的细胞质中。

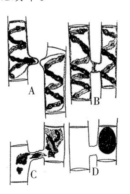

图 17.13 水绵的接合生殖过程。A,接合管相互接近;B,接合管相接触但断壁未融合;C,接合管形成完毕,其中一个细胞的配子正通过接合管转移;D,合子形成完毕

两个细胞间的联系管道形成过程中,两个细胞中的物质会进行浓缩形成配子,当管道完成时,其中一个细胞中的配子会进入另一个细胞,两个细胞中的物质进而融合,产生一个椭圆形的性孢子。由于配子看上去很相似,生殖是通过接合完成的,性孢子也即合子,有着厚厚的细胞壁,可以被认为是休眠孢子。在每个生长季节来临时,被

充分保护的合子经受过了冬天的逆境后,会直接萌发形成新的水绵丝状体。

由于这种特别的有性繁殖方式,在整个过程中配子没有被释放出来,但是通过特殊的管道相互结合,水绵及其近缘种被称为接合藻——即在配子融合过程中,整个个体都相互连接起来。

在一些接合藻中,合子形成于连接的管道中(见图 14.15 中的 A),有些合子的形成不需要形成接合(见图 14.15 中的 B)。其中鼓藻最有趣且美丽,为单细胞,细胞组织形成独特的两个"半细胞"。

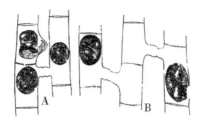

图 17.14　水绵,列举一些特殊的例外。A 中两个细胞通过接合管连接,但是还未经融合,两个细胞中就已经各自形成了合子;同时,左上方的细胞试图与右边的细胞接合。B 中的细胞来自于三个丝状体,中间的丝状体同时与另外两个接合。

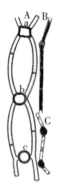

图 17.15　两种接合形态:A(转板藻),通过接合管形成合子;B、C(双星藻),不需要接合即可形成合子。

168. 总结——根据上面给出的例子,绿藻包括简单的单细胞形态,通过融合进行生殖,但不论是简单还是分枝结构,它们主要都是丝状体的形态。这些丝状体的细胞通过细胞相互之间隔离,或者如同虹吸形态一样是多核体。游动孢子属于典型的无性孢子,但是有些藻类可能会没有游动孢子,如接合藻。除了无性生殖以外,绿藻中还形成了同配生殖和异配生殖,并且合子和游动孢子都是休眠孢子。

绿藻与高等植物的进化有着特殊的联系,高等植物被认为起源于绿藻。

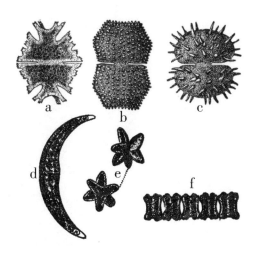

图 17.16 一组鼓藻,单细胞接合藻类,表现出不同的模式,细胞形成明显的"半细胞"。

褐藻

169. 一般特征——蓝绿藻和绿藻是典型的淡水藻类,但是褐藻,或者说海藻,几乎都是海生的,属于非常典型的海岸形态。所有的褐藻都由固着器锚定,有些藻类高度进化出类似根状的结构;黄色、褐色或者橄榄绿色的植物体,通常凭借浮力或者气囊漂浮在水中,在海面上非常显眼。海藻在更冷的水域中高度进化,在海岸形成很多漂积海草、海藻丛等。这类植物由于其结实的固着器、气囊,以及坚韧的植物体,非常适合生存于波浪湍流之中。这就是所谓的专化群体,

对于某些特殊环境形成高度组织特异性的结构。在这里我们不对专化群体作过多讨论，因为其对于解释高等植物的结构没有帮助。

170. 植物体——褐藻植物体的结构具有丰富的多样性。一些褐藻，例如水云（见图17.17），如同丝状绿藻一样为丝状体形态，但是其他的褐藻要复杂得多。海带的叶状体类似于一片巨大的漂浮叶片，通常有2～3米长，基部茎生长出根状的固着器（见图17.18）。其中最大的是南极洲海带，叶状体从海底倾斜上升到水面漂浮着，能达到180～275米长，有着厚实的躯干，无数的分枝，以及叶片状的附属物。

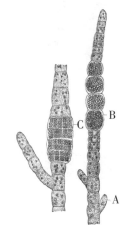

图 17.17　一种褐藻（水云），图中可以观察到由简单的丝状体组成的植物体，生长出的分枝（A），一些包含游动孢子的孢子囊（B），和包含配子的配子囊（C）。

图 17.18　一组褐藻水草（海带）。注意植物体中叶片状的叶状体和类似根的固着器的不同形态。

常见的墨角藻，或者说"岩藻"，属于带状形态，在顶端分叉持续形成分枝（图17.19）。这种分枝方式被称为叉状分枝，与丛茎轴的侧边产生分枝的方式不同（单轴分枝）。植物体上分布着明显的膨胀气泡。

分化程度最明显的叶状体是马尾藻类海草（见图17.20），细长的茎状主轴的侧面长着形态各异的分枝,有的如同普通的叶片;有的则漂浮着呈气泡状,如同簇生的浆果一样;而有的分枝生长着生殖器官。所有的这些结构不过是一个叶状体分枝的不同部位。马尾藻类的海草通常会被海浪从固着器上撕扯下来,然后被波浪从海岸边带走,聚集在洋流产生的巨大漩涡中,形成与北大西洋一样的,所谓的"马尾藻海"。

图17.19　普通褐藻(岩藻)的片段,可以看出植物体呈叉状分枝,以及附着的气泡状气囊。

图17.20　褐藻(马尾藻)的一部分,叶状体分化出类似于茎或叶片的部位,以及气泡状的漂浮物。

171. 繁殖——两类主要的褐藻在繁殖方式上有所不同。其中以海带为代表的一类,也是主要的藻类形态,通过产生游动孢子和同配生殖进行繁殖(见图17.17)。游动孢子和配子的双鞭毛都生长在细胞的边侧而不是末端,除了配子会融合形成合子外,二者非常相似。

由墨角藻(见图17.21)代表的另一类褐藻,不会产生无性孢子,但是属于异配生殖。单个藏卵器通常会产生八个雌孢子(见图17.21中的A),成熟后被释放出去,在水中自由漂浮(见图17.21中的E)。精子囊(见图17.21中的C)会产生无数微小的侧生双鞭毛的雄孢子,被排出后(见图17.21中的G),会有很多雄孢子绕着较大的雌孢子游

动(见图 17.21 中的 F 和 H),最终其中一个雄孢子会与一个雌孢子融合,形成一个卵孢子。由于雄孢子会绕着雌孢子非常活跃地游动并撞击,从而会使雌孢子旋转起来。藏卵器和精子囊都形成于叶状体的体腔内。

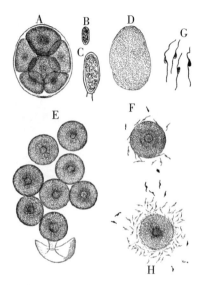

图 17.21　岩藻有性生殖的过程,藏卵器排出八个雌孢子(视野中有六个),由一层膜包裹着(A),雌孢子从膜中释放出来(E),精子囊中包含着雄孢子(C),排出侧生双鞭毛的雄孢子(G),雌孢子 F 被游动的雄孢子(G)包围(F、G)。

红藻

172. 一般特征——由于红色的外表,这些藻类被称为红藻。大部分红藻生长于海中,由多种形态的固着器锚定。它们属于深水藻类,其红色物质的特征可能与所生活的水的深度有关。红藻也是专化性非常强的藻类,下面将进行简要的介绍。

173. 植物体——总体而言,红藻要比褐藻或者说海带更加精美,优美的形态、精致的纹理,以及色彩艳丽的躯干(暗红色、紫罗兰色、暗紫色以及红褐色)使它们十分引人注目。红藻的形态表现出极大的变异,如分枝的丝状体、条带以及薄片,有些红藻的分枝繁复而巧妙,与苔藓细腻的纹理相似(见图 17.23、图 17.24、图 17.25、图 17.26、图 17.27)。如同褐藻一样,在红藻中经常能够见到分化成类似于茎或根的结构。

图 17.22 红藻,表现出分枝习性以及子实体结构。

图 17.23 美叶藻,由薄片状细胞组成的躯体具有大量的分枝。

图 17.24 放射花藻,叶状体精密分枝。

图 17.25 红藻,可以观察到固着器和分枝的叶状体。

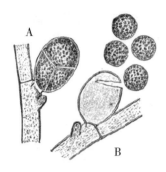

图 17.26　翼藻，分枝的躯体类似于苔藓。　　图 17.27　绢丝藻，图中展示了孢子囊（A），及释放出的四分孢子（B）。

174. 繁殖——红藻的无性生殖和有性生殖方式都很特别。一个孢子囊只会产生四个有性孢子，但是这些孢子没有鞭毛因而没有运动能力。因此，它们不能被称为游动孢子，由于每个孢子囊通常只会产生四个孢子，因而它们又被称为四分孢子（见图 17.27）。

红藻也是属于异配生殖，但是其有性生殖的过程复杂多样，因而对此知之甚少。精子囊（见图 12.28 中的 A 和 a）会产生类似于四分孢子的雄孢子，也没有鞭毛和运动能力。为了将它们与有鞭毛的雄孢子或游动孢子区分，红藻的这些不会运动的雄性配子通常被称为不动精子（见图 17.28 中的 A 和 a）。

红藻的藏卵器非常特别，其分化成两个区域，包括球根状基部和毛发状的受精丝，中间部位细长，除了是闭合的以外，整体的结构类似于一个长颈瓶（见图 17.28 中的 A、o 和 t）。藏卵器内形成雌孢子，不动精子将自身吸附在受精丝上（见图 17.28 中的 A 和 s），相互接触后，细胞壁产生穿孔，从而使不动精子进入受精丝，进而进入到球形藏卵器的基部。以上的描述仅仅是红藻最简单的受精情形，而主要受精形式表现得过于复杂，在此不再进行介绍。

在受精后，受精丝就会枯萎，球状基部就会以某种方式发育出非常显眼的结构,被称为果孢子体(见图17.28、图17.29),内含有性孢子,相当于孢子囊。因此,在红藻的生活史中,会产生两类孢子:①四分孢子,产生于普通的孢子囊;②果孢子,通过受精产生,生长于果孢子体。

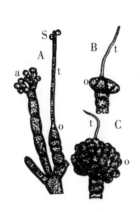

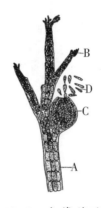

图17.28　海索面,一种红藻。A,有性分枝,上有精子囊(a),藏卵器(o),及受精丝(s);C,将近成熟的果孢子体(o),丝状体已萎缩(t)。

图17.29 多管藻的一个分枝。其为红藻的一类,能够看到成列的细胞组成的躯干(A),表皮毛的细小分枝(B),以及释放出不带有鞭毛的孢子(C)的果孢子体(D)。

其他含叶绿素藻类

175. 硅藻——这种藻类属于特殊的单细胞形态,在淡水和咸水中都很多。它们要么在水中自由游荡,要么吸附在凝胶状的茎秆上,可能会以单个个体的形式存在,或者相互联系成为片状或者链状,又或者镶嵌在凝胶管或凝胶团中。它们呈杆状、船状、椭圆形、楔形、直线或曲线形(见图17.30)。

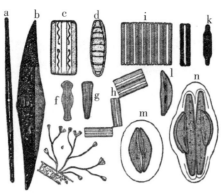

图 17.30　一组硅藻。c 和 d,同一硅藻细胞的俯视图和侧视图;
e,吸附硅藻的茎秆状聚集体;f 和 g,对 e 的俯视图和侧视图;h,硅藻
聚集体;i,硅藻聚集体,k 中显示其俯视图和侧视图。

　　硅藻最特别之处在于其细胞壁由两瓣硅质壳组成,可以相互嵌合,如同小盒子的两部分一般。细胞壁中富含硅,因而非常坚固,在一些岩石中可以观察到大量硅藻的硅质外壳。硅藻通过特殊的细胞分裂方式而增殖,其中一些硅藻细胞会通过接合进行繁殖。

　　它们在海洋中数目庞大,形成了海面上主要的自由浮游形态藻类,毫无疑问,硅藻的硅质外壳会持续洒落到海底。海洋中一种特定的组成成分被称为"硅土",就是由硅藻化石组成的。

　　硅藻有多种分类方式。因为硅藻含有褐色组分,有人将它们归为褐藻;因为硅藻有时进行接合生殖,有人将其归为绿藻的接合藻。然而,它们与其他藻类的差别非常大,所以将硅藻从其他藻类中独立出来最为恰当。

　　176. 轮藻——通常也被称为车轴藻,由于它们似乎属于叶状体,并且除了叶绿素外没有其他的颜色物质,一般被归为绿藻。然而,由于它们过于特别,更加适合与其他藻类区分开。轮藻的形态非常特殊,要远比其他藻类复杂,在这里不做详细的讨论。它们生长于淡水或者碱性水中,固定在河床下面形成巨大的聚集物。圆柱形的茎分为多节,每节伸出一圈分枝,而分枝又会重复相同的分节和分枝的特点(见图 17.31)。

　　细胞壁外有一层石灰凝集成的壳,使植株变得粗糙而脆弱,因而被称为"车轴藻"。除了高度组织有序的营养体外,精子囊和藏卵器也非常复杂,与其他藻类简单的性器官完全不同。

图 17.31　一株普通的轮藻,图中为主轴的顶端。

第十八章　菌藻植物：真菌

177. 一般特征——一般而言，真菌包括不含叶绿素的叶状体。从这一点可以得出，真菌不能完全凭借无机物制造营养物质，而是要依赖于其他的植物或动物。一般通过两种方式得到营养物质：①直接从动植物活体中获取；②从动植物尸体或者残留物中获取。在第一种情况下，活体会受到真菌入侵，入侵的真菌称为寄主，被入侵的植物或者动物称为宿主。对于第二种被入侵的不是活体生物的情况下，真菌被称为腐生生物。一些真菌只能以寄生或者腐生的方式生存，但是有些真菌可以同时以两种方式生存。

真菌形成的数量众多的植物种类，要远远多于藻类。由于很多寄主入侵并感染可利用的植物或动物，引发了很多常见的疾病，因此引起人们极大的关注。政府和研究部门投入了大量的资金研究有害的寄生真菌，试图找到一些消灭病菌或者防止病菌入侵的方法。然而，很多寄生真菌其实是无害的，并且很多腐生真菌也是非常有益的。

通常人们认为真菌起源于藻类，丢失了叶绿素和营养自给的能力。有些真菌与藻类非常类似，联系非常明显。但是其他真菌由于寄生和腐生的习性，导致自身发生了非常大的变化，以至于失去了与

藻类的相似性,从而使它们存在的联系非常模糊。

178. 植物体——除去一些存在争议的形态留在后面讨论,所有真菌的形态都被归为统一的一类形态(见图 18.1)。由真菌组成的一系列的无色分枝丝状体,相互分离或相互缠绕,形成了主要的功能部位,被称为菌丝体。相互交织的菌丝体可能很松散,也有可能会紧致,形成黏滑的聚集物,储存很久在腐败的水果中经常能看到这些菌丝体。单个丝线被称为菌丝。为真菌提供的营养物质被称为基质,菌丝体与基质二者联系在一起。

组成菌丝体垂直向上分枝的菌丝生长出后,会分离产生无性孢子,无性孢子又会散播产生新的菌丝体。这些分枝被称为孢子梗,其上生长着孢子。

有些情况下,尤其是在寄生真菌中,会形成特殊的向下分枝,渗入基质进而吸收营养物质。这些特殊的吸收分枝被称为吸器。

在腐生情况下,菌丝体与其孢子梗及吸器位于没有生命的基质之上或者之内,在寄生情况下位于活体植物或动物之中。

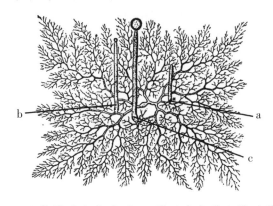

图 18.1　毛霉菌的代表性图示,展现出大量分枝的菌丝体,及三个垂直菌丝(孢子梗),b 和 c 上形成孢子囊。

179. 分类——目前,由于对真菌的了解程度有限,相关的分类相对比较混乱。真菌形态由于生活习性而发生了很大的改变,在藻类

中适用的形态结构不再适用于真菌。这里主要分为四类,通常能够包括所有的真菌,但是毫无疑问,这肯定会存在不足且不够完整。

类别名称的英文名后缀是"-mycetes",在希腊语中的意思是"真菌"。每个名称的前缀都试图表明菌类的一些重要特征。四类真菌的名称如下:①藻菌类(Phycomycetes),指真菌的形态类似于藻类;②子囊菌类(Ascomycetes);③锈菌及黑粉菌类(Acidiumycetes);④担子菌类(Basidiomycetes)。名词中的前缀子囊(asco-)、锈(acidium-),以及担子(basidium-)的意思都与其对应的真菌的特征相联系。后三类真菌通常联系到一起,被称为高等真菌,与菌藻相区分,以表明它们与藻类不相同,只是相似而已。

生命周期中的有性生殖过程可能会干涉到腐生和寄生的习性。尽管高等真菌中的有性生殖过程不易观察或者不完整,但至少菌藻植物中的性器官和性孢子与藻类中一样比较明显。

藻菌类

180. 水霉——这类真菌与藻类有相同的水生习性。它们生活在水生植物和动物的尸体中(见图18.2),有时会侵染活鱼,有一种水霉菌对于孵化场的鱼苗来说是非常致命的。菌丝组成的菌丝体为多核体,如同虹吸结构一样。

分枝的末端通过形成间隔壁,将尖端与体腔分离,形成孢子囊(见图18.2中的B)。尖端产生不同程度的肿胀,内部会产生大量的双鞭毛游动孢子,成熟后被释放进入水中(见图18.2中的C),经过短时间游动后,会快速形成新的菌丝。这一过程与刚毛藻和无隔藻非常相似。分枝末端也会形成卵囊和精子囊(见图18.2中的F),如同无隔藻一样。卵囊非常特殊,有时会形成一个卵,有时则是多个卵(见图18.2中的D和F)。精子囊形成于接近卵囊的分枝上。精子囊接触到卵囊后,伸出细小的管道穿过卵囊壁(见图18.2中的F)。精子囊中的物质通过管道输入卵囊后,与卵融合,产生厚壁的卵孢子或休眠孢子。一个有趣的现象是,有时候精子囊中的物质不会进入卵囊,或者根本就不会形成精子囊,而卵在不受精的情况下仍然可以形成能够萌芽的卵孢子。这种特殊的习性被称为孤雌生殖,意思就是卵不需要受精就能够繁殖。

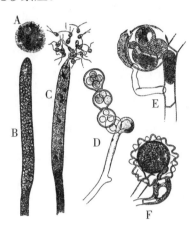

图 18.2 水中常见的霉菌(水霉)。A,寄生菌的菌丝体在生长过程中散发时的状态;B,分枝的端部形成孢子囊;C,从孢子囊中释放出的双鞭毛游动孢子;F,相接触的卵囊和精子囊,管道穿入卵中;D和 E,含有一些卵的卵囊。

181. 毛霉菌——最常见的一种毛霉菌,或者说"黑霉菌",产生于潮湿的面包、储存的水果、堆积的肥料等之上,表现为白色毛状。因而毛霉菌属于腐生生物,多核的菌丝体在地下形成大面积的分枝(见图 18.3)。

从地下的菌丝体生长出大量的孢子梗,顶端形成无数的无性孢子(见图 18.4、图 18.5)。孢子囊壁胀裂后,轻盈的孢子会随着风四处飘散,落到合适的基质上,进而萌芽形成新的菌丝。因为没有水作为介质,这些无性孢子显然是不可能游动的,因而不属于游动孢子,而孢子通过风进行传播,必须要相对较轻并且细小。它们通常只能被简单称为孢子。

尽管在生长季节,毛霉菌通过这些快速萌芽的孢子采取一般的无性繁殖的方式进行繁殖,但在特定的条件下也会观察到有性生殖过程,有性孢子会形成厚壁的休眠孢子,能够经受住不利的条件。如同孢子梗的形成方式一样,从菌丝体中的菌丝生长出分枝来(见图 18.7)。两个连续的分枝的顶部相接触后(见图 18.7 中的 A),多核体通过形成隔离壁将顶部分离(见图 18.7 中的 B),相接触的细胞壁会被降解掉,从而使两个顶端细胞融合在一起,形成厚壁的有性孢子(图 18.7 中的 C)。这一过程明显属于接合生殖,如同藻类中的接合生殖方式;这里的有性孢子属于接合孢子;通过隔离壁从主体分离的两个配对的顶端细胞为配子囊。因而,毛霉菌属于同配生殖。

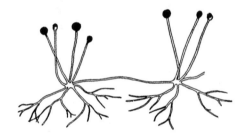

图 18.3 普通毛霉菌的菌丝体和孢子梗形成的模式。

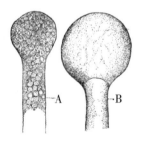

图 18.4 毛霉菌孢子囊的形成,孢子梗(A)末端胀大,随后(B)形成一道细胞壁,将孢子囊和其余部位相分离。

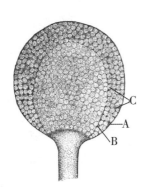

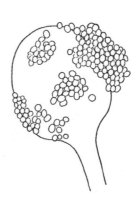

图 18.5　毛霉菌的成熟孢子囊,图中显示出细胞壁(A),大量的孢子(C),及囊轴(B)——分离壁被推进孢子囊腔后形成。

图 18.6　毛霉菌孢子囊胀裂,破裂的细胞壁未展示,分散的孢子依附在囊轴上。

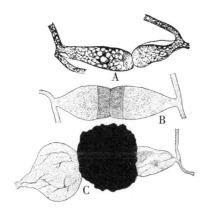

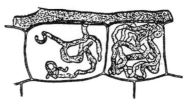

图 18.7　毛霉菌的有性生殖过程,性分枝的顶部接触(A),被隔离壁分离的两个孢子囊(B),以及厚壁的接合孢子(C)。

图 18.8　霜霉菌的分枝接触到宿主的两个细胞,伸出吸器进行入侵。

182. 霜霉菌——这类真菌常寄生在种子植物中,产生霜霉病,最常见的霜霉菌就是侵害葡萄叶片的菌类。菌丝体为多核体,完全生长在植株体内,在叶片组织间产生分枝,利用吸器穿入活细胞后,快速吸取其中的营养物质(见图 18.8)。当观察到叶片表面有褪色及枯

179

死的斑点时,就表明植株被病菌侵害,而相应的组织部位也已经死了。

这时菌丝体会生长出大量的孢子梗,从宿主的表面伸出,开始散播其孢子,孢子落到其他叶片上后进而发芽,新的菌丝体渗入到植物组织,开始它们的侵染。孢子囊伸出叶片表面后开始自由分枝,很多分枝几乎生长在一起,在表面形成柔软的霉层,因而被称为霜霉病。

在一定条件下,从菌丝体生长出特殊的分枝,形成精子囊和藏卵器,并且保留在宿主体内(见图18.9)。卵囊通常为球形,产生单个雌配子。精子囊接触到藏卵器后,会伸出管道穿透卵囊壁进入雌配子,精子囊借此将雄配子输送进入,完成受精产生厚壁的卵孢子。由于卵孢子不是立即进行萌发,不会像无性孢子一样被带到宿主的表面。当卵孢子准备好萌发时,含有卵孢子的叶片已经枯萎,卵孢子随之被释放出来。

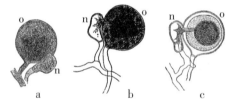

图18.9 霜霉菌。a,一个藏卵器(o)包含着一个雌配子,与精子囊(n)相接触;b,精子囊管穿入到藏卵器,将雄配子输送到雌配子中;c,藏卵器内包含着卵孢子或休眠孢子。

183. 总结——整个藻菌类的真菌与绿藻都表现出相似的虹吸结构,形成藏卵器和精子囊的方式也很相似。

水霉菌及其近缘真菌保留着藻类的水生习性,它们的无性孢子为游动孢子。然而,毛霉菌和霜霉菌已适应了陆生的环境,遗弃了游动孢子的形态,产生能够被气流携带的较轻的孢子。

大部分藻菌类真菌都遗弃了运动型配子。即使是异配生殖的雄配子也是通过穿透进入藏卵器的管道释放出来的。然而,需要指出的是,这类真菌中很少会产生精细胞,这使得它们与藻类更加相似。

它们同时具有同配生殖和异配生殖的繁殖方式,合子和卵孢子都会形成休眠孢子。从这些特征来说,藻菌类中的真菌似乎是起源于不同形态的绿藻的集合。

子囊菌

184. 霉菌——很多寄生真菌生长在种子植物的叶片中,菌丝体遍布叶片表面,像蜘蛛网一样。一种常见的霉菌——白粉菌,常生长于丁香叶片表面,成熟后基本都表现为白色的覆盖层(见图 18.10)。与藻菌类的多核体不同,霉菌分枝的菌丝会产生很多的隔离壁。小圆盘状的吸器刺入宿主的表皮细胞中,菌丝体固定住后开始吸取细胞中的营养物质。

分生孢子梗长出后,会以特殊的方式形成无性孢子。孢子梗的末端变圆,几乎与下部其他部位分离,成为一个孢子或者类似孢子的部位。在这之下的另一个细胞也会以相同的方式发生改变,然后是下一个细胞,依次发生,直到形成一条孢子链,其很容易被风破坏而散落。孢子落到其他合适的叶片上后,会萌发形成新的菌丝体,能够使真菌快速传播。这种将分枝分割成多个部分形成孢子的方式称为缢断,通过这种方式形成的孢子称为分生孢子,或者无性孢子(见图 18.12中的 B)。

在特定的情况下,菌丝体会形成特殊的分枝,产生性器官,但是几乎不会被观察到,所以可能并不存在。藏卵器和精子囊为普通的形态,但可能不会组织成配子体来进行配合,从而形成一种精密的结构——子囊果,有时被称为孢子果。子囊果在丁香叶片表面表现为微小的黑点,每个都是细小的球形,被称为叉丝壳菌(见图 18.10)。厚壁的子囊果上生长着漂亮的毛状附属物分枝(见图 18.11)。

孢子果的细胞壁破裂后,挤压出几个非常柔软的泡状子囊,通过透明的细胞壁可以看到每个囊中有一些孢子(见图18.11)。因此,子囊果就相当于是红藻中的果孢子体。每个精致的子囊都是一个母细胞,其内形成无性孢子。这些孢子被称为子囊孢子,与其他无性孢子相区分。

正因为这些特殊的母细胞,或者说子囊,从而将这类真菌称为子囊菌,它们都是通过子囊产生孢子,子囊果为包含子囊的孢子囊。

因此,在霉菌中存在两种无性孢子:①分生孢子,菌丝分枝通过缢断形成,通过分生孢子能够使真菌快速传播;②子囊孢子,产生于母细胞,由厚子囊壳保护,所以它们能够度过不利的条件。接下来的阶段不是像藻类和藻菌一样形成合子或卵孢子,可能并不会形成有性孢子,只是产生厚壁的子囊果。

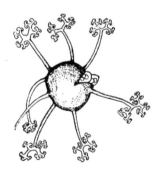

图18.10 丁香花叶片表面被霉菌覆盖,较暗的区域代表菌丝体,黑色的点代表子囊果。

图18.11 紫丁香白粉菌的子囊果。分枝的附属物及两个包含在子囊果中,子囊正从破裂的细胞壁中挤出。

185. 其他形态——子囊菌的种类非常庞大,包含着大量不同的形态,因此本书仅选取霉菌作为子囊菌的一个简单的例子。所有的子囊菌的孢子都产生于子囊中,但是子囊不一定都包裹在子囊果中。在这里包括青霉菌,常发现于面包、水果等之上,可以观察到很明显的分生孢子链状分枝（见图 18.12）；松露，其地下菌丝体形成的子实体也被称为块菌；肉座菌，会导致植物发病，例如李子和樱桃的黑癌病，黑麦的麦角病（见图 18.13），以及树皮上产生的黑色树瘤；其他一些形态的子囊菌会引发丛枝病（树的不正常生长）、桃缩叶病等；另外还有盘菌和可食用的羊肠菌（见图 18.16）。在一些子囊菌中，子囊果完全闭合，例如紫丁香白粉菌；而盘菌的子囊果有些为长颈瓶状，有些为杯状或者盘状。无论形态如何，所有的孢子都处于子囊之中。

常用来进行酒精发酵的酵母菌可能也属于子囊菌（见图 18.17）。"酵母细胞"似乎为分生孢子，其拥有通过萌芽进行增殖的特殊方式，能够利用糖进行酒精发酵。

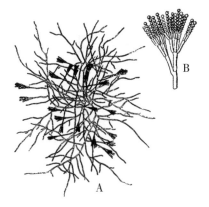

图 18.12 青霉菌。A，菌丝体，产生大量的分生孢子梗，上面着生分生孢子；B，放大后的分生孢子梗顶端，显示出分枝和分生孢子链。

图 18.13 黑麦的穗部被麦角菌（a）侵染，产生特殊的谷粒状的聚集体取代黑麦的籽粒；由孢子萌发而来的麦角菌团（b）。

图 18.14　两种盘菌。　　　图 18.15　生长于云杉的盘菌。

图 18.16　常见的可食用羊肠菌。展示的结构为子实体,凹陷的表面排布着包含子囊的籽实孢子。

图 18.17　酵母细胞,通过芽裂繁殖,形成链状。

锈菌及黑粉菌

186. 一般特征——这一大类真菌是非常具有破坏力的寄生菌,会导致锈病和黑粉病等。锈菌类会特异性地侵染高等植物的叶片,产生锈孢子,比如为人所熟知的麦锈病;黑粉菌特异性侵染禾本植物,对农作物非常致命,黑粉病常发生于燕麦、大麦、小麦、玉米等作物的穗部。

在这类真菌中未观察到有性生殖的过程,生活史过于复杂且不易观察,群体所处的阶段也很难确定。这一形态的真菌或许应归为担子菌,但是由于二者的形态非常不同,所以在这里将它们区分开。

大多数真菌的形态都表现出多态性——即在生活史的不同阶段表现出完全不同的外观。由于不同阶段的差异过大,经常将其误认为是不同的物种。随着宿主的不同,所表现出来的多态性会更加复杂。例如,小麦锈菌在某一阶段会生活在小麦上,在另一个阶段则会生活在伏牛花上。

187. 小麦锈菌——这是少数几个被追踪到生活史的锈菌之一,这里将其作为这类真菌的例子。

真菌的菌丝体在小麦的叶和茎的组织中生长出分枝。在小麦的生长过程中,菌丝体在叶片表面生长出无数的孢子囊,每个孢子囊在其顶端都着生着一个微红色的孢子(见图 18.18)。当产生大量的孢子时,看起来就像是条状或点状的锈迹,因而称为锈病。孢子会随着气流散播,掉落到其他植物上,然后非常迅速地萌发,因而这种病菌传播得非常迅速(见图 18.19)。人们曾经认为这就是其完整的生命循环,这种真菌被称为夏孢锈菌。当发现这只是其形态多样的生活史中的一个阶段时,人们将这一时期称为夏孢子期,这一时期的孢子被称为夏孢子。

在夏季即将结束时,同一株菌丝体会生长出完全不同的孢子实体(见图 18.21)。孢子由双细胞组成,外面覆盖着黑色的厚细胞壁,这种形态被称为黑锈菌,在夏末出现在小麦残茬上。这些孢子为休眠孢子,经历过冬天的严寒之后,会在来年的春天萌发。这些孢子则被称为冬孢子,与夏孢子相区分,是经历生长季节后残存的孢子。最初,人们并没意识到生长冬孢子的菌丝体与生长夏孢子的菌丝体是同一种真菌,因而将其称为柄锈菌。现在,这一名称被保留下来作为一类具有多态性真菌的名称,将小麦锈菌称为禾柄锈菌。这种菌丝体及夏孢子和冬孢子生活在小麦上,仅为小麦锈菌生活史的一个阶段。

春天来临时,冬孢子开始萌发,每个细胞生长成一个由少量细胞

组成的菌丝(见图18.21)。菌丝的每个细胞伸出小分支,分支的顶部生长出小孢子,被称为担孢子。这种不是寄生而生长担孢子的菌丝,是小麦锈菌的第二阶段,同时也是生长季节的前一阶段。

担孢子散播后,掉落在伏牛花的叶片上,萌发出菌丝体,然后通过叶片传播。菌丝体会在叶片的下表面产生子实体,表现为红黄色的分生孢子链(见图18.22)。这些分生孢子链紧密地包裹在杯状的孢子托内,而这些红黄色的杯状团被称为"密集杯"。生长在伏牛花上着生"密集杯"的菌丝体曾被认为是另一种真菌,被称为锈孢子器。现在将锈孢子器作为"密集杯"器官的名称,其产生的分生孢子被称为锈孢子。

正是由于锈孢子器的名称,才将这一类真菌命名为锈菌,因而锈菌包括生活史中出现锈孢子器的真菌。

锈孢子随着风散播,掉落在春小麦上,萌发,然后再次产生新的菌丝体,导致小麦发生锈病,如此就完成了生命周期。因此,在小麦锈菌的生命周期中至少存在三种不同的阶段。从生长季节起始,各阶段如下:①着生担孢子阶段,非寄生;②锈孢子器阶段,寄生于伏牛花;③夏孢子—冬孢子阶段,寄生于小麦。

在小麦锈菌的生命周期中至少出现了四种无性孢子:①担孢子,引起寄生在伏牛花的阶段;②锈孢子,引起寄生在小麦的阶段;③夏孢子,会再次在小麦上产生菌丝体;④冬孢子,会经历整个冬季,在春天发展成着生担孢子的阶段。应该说,这类真菌还会在寄生于伏牛花的阶段产生其他类型的孢子,但是这些类型并不是很确定,在此就不一一列出了。

寄生于伏牛花的阶段并不是完成生命周期的必要过程。在很多情况下,并没有可寄生的伏牛花作为宿主,担孢子会直接在小麦幼苗上萌发,形成造成锈病的菌丝体,而锈孢子器阶段就被跳过了。

图 18.18　小麦锈菌。子实体从宿主表面突破而出,上面着生着夏孢子。

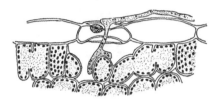

图 18.19　小麦锈菌。初期的菌丝从叶片表面侵入,达到营养细胞。

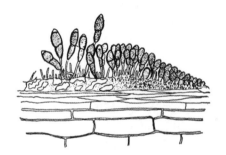

图 18.20　小麦锈菌,图中为冬孢子。

图 18.21　小麦锈菌,冬孢子萌发形成较短的菌丝体,从其中的四个细胞产生一个孢子分支,最下面的细胞在其顶部着生一个担孢子。

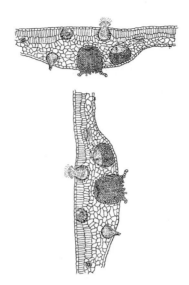

图 18.22　小麦锈菌，伏牛花叶片的切面，下面有两个锈孢子，其中一个已经穿出表皮，将锈孢子链暴露出来。上面为烧瓶状的菌体，正在释放非常微小的物体，这可能是寄生的其他类型的孢子。

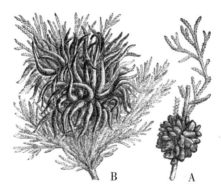

B　　　　A

图 18.23　胶锈菌瘿，图中都是寄生于杜松。

188. 其他锈菌——很多锈菌的生命周期都与小麦锈菌相似，在其他真菌中可能会略过其中的一个或多个阶段。很少有真菌会将这些阶段都联系在一起，因此着生夏孢子的菌丝体被称为夏孢锈菌，着生冬孢子的菌丝体被称为柄锈菌，着生锈孢子的被称为锈菌；但是很难发现夏孢锈菌、柄锈菌、锈菌属于同一生命周期的形态。

从寄生于红杉的胶锈菌瘿中，又发现了另外一种生命周期类型

（见图 18.24）。在春天时，病菌的生长非常明显，尤其是在雨后，包含橙色的孢子且呈果胶状的聚集物会发生膨胀。这对应着小麦中产生锈病的阶段。相同的寄主会在苹果树、山楂树等的叶片上进行锈孢子器阶段。

担子菌

189. 一般特征——这类真菌包括蘑菇、伞菌及马勃等。它们不像前面提到过的真菌一样是有害的寄生者，它们大部分都是无害的，并且子实体具有利用价值。同时它们也是进化程度最高的真菌。伞菌和蘑菇在植物学特征上没有明显的区别，伞菌和蘑菇在植物学上属于同一类，马勃归为另一类群。

和锈菌一样，在担子菌中未发现性过程。其生活周期似乎很简单，但是看似简单的生活周期，实际上非常复杂。下面以常见的蘑菇为例（见图 18.24），介绍一下这类真菌的结构。

图 18.24　四孢蘑菇，常见的可食用蘑菇。

190. 普通的蘑菇——刚开始时，白色线状的菌丝体在腐殖质下广泛地分布。在菌丝体上开始出现门把手状的突起，然后越长越大，直到形成所谓的"蘑菇"。真菌真正的植物体为白色线状的菌丝体，而"蘑菇"的部位实际上是由大量的子实体聚集在一起，组织形成单个复杂的着生孢子的结构。

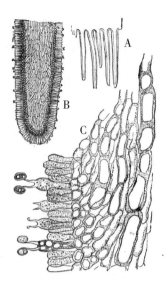

图 18.25　常见的四孢蘑菇。A,菌盖一边的切面,可以看出下垂的菌褶的切面;B,菌褶切面放大后,显示出中间的组织,以及由担子形成的宽阔的边缘;C,菌盖部分切面进一步放大后,可以看出棒状的担子处于表面的右角,伸出一对较小的分支,每个分支着生一个担孢子。

蘑菇有一个柄状的部位,即菌柄,其基部生长着细长的菌丝体,交织分布着如同白色的根一样;上部展开的伞状部位被称为菌盖。菌盖的下表面垂下细长且辐射状的圆盘,称为菌褶(见图 18.24)。每个菌褶都是由一团相互交织的菌丝组成的,尖部朝向表面的下方,形成一层紧密的末端细胞(图 18.25)。组成这些菌盖的末端细胞为棒状,被称为担子。每个担子较宽的一端产生两到四个细小的分支,而在每个分支上分别着生着一个微小的孢子,与小麦锈菌中的担孢子非常相似。这些孢子其实也是担孢子,成熟后从菌盖中散落下来。由于这种叫作担子的特殊细胞,称这类真菌为担子菌。

图18.26 "仙环"真
菌(硬柄小皮伞),可食用。

图18.27 一种常见的可食用蘑菇
(环柄菇),图中展示了菌柄、菌盖及菌褶。

图18.28 鸡腿菇(毛头鬼
伞),可食用。

图18.29 檐状菌(多孔
菌),生长于红橡树的树干。

191. 其他形态——蘑菇表现出极其多样的形态和颜色,有很多
种类的蘑菇都非常引人注目(见图18.26、图18.27、图18.28)。多孔
菌伞盖用微孔来取代菌褶,在微孔中产生孢子,例如十分常见的檐状
菌,其生长于树干或树桩之上,形成坚硬壳状的生长物(见图18.29、
图18.30)。还有蘑菇状的牛肝菌(见图18.31、图18.32)。其他形态
还有深棕色凝胶贝壳状的"木耳",以及类似珊瑚的珊瑚真菌(见图

植物的秘密

18.33）。齿菌没有菌褶，由棘状突起的结构替代（见图 18.34），其中生长着孢子，直到成熟后才会被释放出来。另外还包括"鸟巢菌""地星菌"和难闻的"鬼笔菌"等。

图 18.30　一种支架形态的伞菌，生长于草的叶片之中却不影响草的活力。

图 18.31　可食用的普通牛肝菌，菌褶由微孔取代。

图 18.32　可食用的牛肝菌。

图 18.33　常见的可食用的珊瑚菌。

图 18.34　獐子菌，菌褶为
棘状突起所取代，可食用。

图 18.35　马勃，担子和孢
子包裹在子实体中，可食用。

其他不含有叶绿素的菌藻植物

192. 黏菌类——黏菌的形态比较复杂，似乎与其他植物都不存在联系，将它们归为植物还是动物，现在仍然是个问题。黏菌的功能机体为一团裸露的原生质，像一个巨大的变形虫一样蠕动。黏菌通常在森林中，生活在黑土、落叶及腐木上，形成黄色或者橙色的聚集物，其大小从人手那么大到针尖那么小，形态各异。它们属于腐生生物，就像变形虫一样吞食食物。但是它们的形态和食物习性又暗示其为低等动物，因此黏菌又被称为"黏菌虫"或"真菌动物"。

然而，在一些条件下，这些黏滑的躯体会进行休眠，形成非常精致且漂亮的孢子囊，其中充满了孢子（见图 18.36）。一般可以根据这些多样且易保存的孢子囊对黏菌的形态进行分类。因此，黏菌有着类似于动物的躯体，同时能够像植物一样产生孢子。

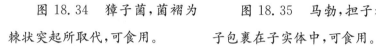

图 18.36 腐木上常见的三种黏菌。左上方为团毛菌的无柄孢子囊；右上方为发网菌的有柄孢子囊，基部残留着黏菌老化的部分；下方为半网菌的孢子囊，其中左上方为一团黏菌。

193. 细菌——这类生物被称为"分裂真菌"，或者裂殖菌，但通常被称为"细菌""杆菌"等。细菌非常重要，并且生活方式非常独特，因而关于它们专门发展出了植物学的一个分支，称为"细菌学"。细菌与蓝藻或者"裂殖藻"在很多方面都很相似，由于关系过于紧密，经常会将它们归为一类。

细菌是已知最小的有生命的有机体，这种单细胞的生物会在熟马铃薯、面包、牛奶、肉等上面出现，形成红色的污点，其直径仅有0.0 005毫米。细菌的形态各异（见图 18.37），例如：球菌为球形的单细胞；普通的细菌形态为短棒状的细胞；杆菌形态为更长的杆状细胞；纤毛菌形态为简单的丝状体；螺旋菌形态为螺旋的丝状体。

细菌通过细胞分裂的增殖方式非常迅速，并且也会形成休眠孢子，以进行保存或者传播。它们无处不在——空气中、水中、土壤中、植物和动物的体内；很多细菌都是无害的，很多细菌是有益菌，但是也有很多细菌非常危险。

细菌和发酵、腐败紧密相关，会导致果汁或牛奶变质，也会使伤口流脓。常说的无菌手术就是利用各种方式来消除细菌，避免引起炎症或溃烂。

病原菌类是会引起植物和动物疾病的细菌，有非常重要的研究意义,人们一直寻找使病原菌无害或者消灭病原菌的方式。它们在植物中会引起梨树和桃树的黄化,在人体中会引起肺结核、霍乱、白喉、伤寒等疾病。

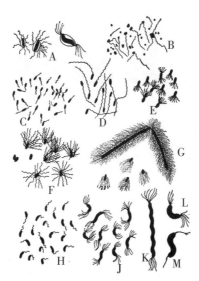

图18.37　一组细菌,菌体为黑色,着生各种形式的运动鞭毛。A,左边两个为枯草杆菌,右边的为螺旋菌;B,球菌;C、D、E,假单胞菌;F、G,芽孢杆菌,F属于造成伤寒症的病原菌;H,裸螺菌;J、K、L、M,螺旋菌。

地衣

194. 一般特征——地衣遍布各处,会在树干、石头、老木板等表面形成颜色各异的斑点,当然也会生长在地上(见图18.38、图18.39、图18.40)。它们一般为灰绿色,但是也能观察到较为明亮的颜色。

关于地衣最有趣的地方是,它们并不是单个的植物,每个地衣都是由真菌和藻类共同组成的,它们紧密地生活在一起,看起来似乎是一株植物。换句话说,一株地衣并不是单个个体,而是由两个不同的个体组成的。这种共同生活的习性被称为共生,有这种关系的个体被称为共生体。

图18.38 右边岩石层覆盖着密集的地衣,上方生长着蕨类(球茎冷蕨)。

如果将地衣横切,就可以观察到共生体之间的关系(见图18.41)。真菌用其相互交织的菌丝体组成主体部分,藻类生长在菌丝体的网眼之中,有时候散布各处,有时候则会聚成一团。正是这些处于网眼之中的藻类,穿过透明的菌丝体,使地衣表现为浅绿色。

有些人认为,地衣中的共生体是互惠互利的关系,藻类为真菌制造食物,真菌为藻类提供保护及含有营养物质的水分。而有些人则不认为这种关系对于藻类有任何的益处,将地衣看作是真菌寄生于藻类。而在任何情况下,藻类都不会被真菌干扰,而是会更加兴盛。共生体中的藻类被发现能够独立于真菌生存。实际上,被缠住的藻类与独立生存的藻类一样,那些共生体中的藻类包括各种蓝绿藻、原球藻,以及丝状绿藻。

而另一方面,共生体中的真菌变得相对依赖于藻类,其孢子除非在合适的藻类上,否则不会萌发。在某些时候,杯状或者盘状的部位出现在地衣叶状体的表面上,表现出棕色、黑色,或者稍微明亮的着色线(见图18.40、图18.41)。这些部位为子囊盘,其切面可以观察到着色线主要由包含孢子的囊组成(见图18.42、图18.43)。这些囊实际上为子囊,子囊盘相当于子囊果,地衣中的真菌其实属于子囊菌。

因此,一些子囊菌学会了通过这种特殊的方式利用特定的藻类,形成了地衣。一些担子菌也学会了相同的习性,形成了地衣。

不同形态的地衣可以分为以下几类：①壳状地衣，叶状体依附在石头或者土壤下，类似于硬壳；②叶状地衣，植物体平整，呈叶状且浅裂，只有中间部位不规则地吸附在下表面；③枝状地衣，丝状体分枝，呈丛生状，或直立，或悬垂，或匍匐生长。

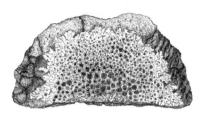

图 18.39 一种生长于树皮的常见地衣（蜈蚣衣），图中可见展开的叶状体和无数颜色较暗的圆盘（子囊盘），上面着生子囊。

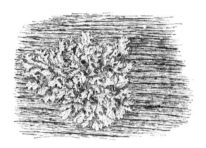

图 18.40 生长于木板上的常见地衣（梅衣），子囊盘可见。

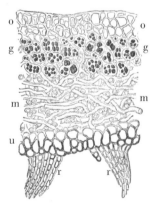

图 18.41 一片地衣（牛皮衣）叶状体的切面，图中表示出固着器（r），下表面（u）和上表面（o），真菌菌丝（m），及被缠绕的藻类（g）。

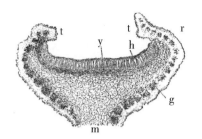

图 18.42　雪花衣子囊盘的切面，可以看到子囊盘的柄(m)，大量的细胞(g)，子囊盘的边缘(r)，覆盖角(t)，子囊层(h)，以及子囊下面大量的菌丝(y)。

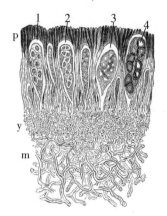

图 18.43　雪花衣子囊盘切面放大后的图片，可见真菌菌丝体(m)在上方聚集一团(y)，在子囊层(1,2,3,4)下方，子囊中展现出不同时期的孢子。

第十九章　苔藓植物

195. 叶状体植物的总结——在讨论第二类植物种类之前,我们先总结一下关于菌藻植物的一些重要特征,这些特征在植物界进化过程中起着重要的作用,同时也是学习苔藓植物所必要的背景知识。

(1)植物体复杂程度增加——从单个分离的细胞,到简单或分枝的丝状体、细胞盘或细胞团,植物体变得相对复杂。

(2)孢子的出现——植物体分离出作为繁殖细胞的孢子,与营养细胞完全不同,产生这些孢子的繁殖器官代表着植物首次出现分化现象,这一现象非常重要,使植物体分化出营养部位和繁殖部位。

(3)孢子的分化——孢子出现后,又会形成不同的起源模式,但繁殖的能力相同。无性孢子一般通过细胞分裂形成,有性孢子则是通过细胞融合形成,细胞融合的过程称为有性生殖过程。

(4)配子的分化——有性繁殖刚出现时,性细胞或者说配子体是相同的,但是随后它们的大小和活力会变得不同,较大而消极的被称为雌配子,较小而活力较强的被称为雄配子,产生配子的器官被称为藏卵器和精子囊。

(5)藻类——苔藓植物和其他更加高等的植物,似乎是由水生习性的藻类叶状体植物进化而来的,真菌则被认为是藻类退化形成的

后代;而在藻类中,绿藻最有可能是高等植物的祖先。需要注意的是,绿藻中具有鞭毛的游动孢子是典型的无性孢子,性孢子(受精卵或者说合子)是植物休眠的阶段,使植物从一个生长季节过渡到下一个生长季节。

196. 苔藓植物的一般特征——"苔藓"可能是这类植物形态中最典型的。而其中的苔类将不同的植物类别联系到一起,同时苔藓植物可以非常明显地与较低等级的菌藻植物和较高等级的蕨类植物相区分。从藻类已经形成的结构为基础,苔藓植物进一步发生改变,为植物界的进化做出了自己的贡献,同样,蕨类植物会变得比苔藓植物更加复杂。

197. 世代交替——苔藓植物中最重要的现象是它们所表现出来的明显的世代交替。世代交替的现象非常重要,联系到整个植物界的发展过程,因此必须要清楚地理解其一般规律。下面就以一种普通的苔藓为例,简要介绍其生活史的大致过程。

首先从无性孢子开始,由于其不需要在水中游动,因此没有鞭毛,主要随着气流飘到合适的环境后萌发。孢子生长出类似于绿藻中丝状绿藻的具有分枝的丝状体(见图 19.1)。植株叶状体匍匐生长,与我们平时所见的"苔藓"并不相似,但如果不仔细观察,几乎觉察不到其存在。

随后,这种类似于藻类的植物体侧面出现一个或多个芽(见图 19.1中的 b)。每个芽会长成一个直立的叶柄,上面着生大量的小叶(见图 19.2、图 20.12)。这种叶柄就是我们经常见到的苔藓植物,可以注意到这些植物体是从匍匐的藻状体中生长出来的直立的叶分枝。

叶分枝的顶部会长出性器官,相当于藻类中的精子囊和藏卵器。雄配子和雌配子会在叶分枝的顶部融合形成合子。

这里的合子并不是休眠孢子,而是会立即发芽,形成与母体植株完全不同的结构。这种新形成的无叶植物体由一个细长的柄以及顶端的瓮状结构组成,里面产生无数的无性孢子(见图19.2、图21.1)。这一结构通常被称为"子囊果",柄基部嵌合在叶分枝的顶部,因此被固定住,并且能够吸收所需的营养物质,但是其既不是叶分枝的一部分,也不寄生于宿主。

当子囊果产生的无性孢子发芽时,会生长出一开始类似于藻类的植物体,这样就完成了一个生活周期。

仔细观察这一生活史时,会明显发现每种孢子会形成不同的结构。无性孢子产生带直立叶分枝的藻状体,而合子产生由无叶柄和子囊组成的子囊果。这两种结构,一种由无性孢子形成,一种由合子形成,出现在依次交替的世代中,这就是所谓的世代交替。

这两个世代产生的孢子存在巨大的差异。产生藻状体和叶分枝的世代只生产性孢子(合子),因此也能够形成性器官和配子。由于这一世代产生配子体,因此被称为配子体世代,形成的植物体也被称为配子体植物。

而包含子囊果的世代只会产生无性孢子,因此这一世代被称为孢子体世代,形成的植物体被称为孢子体植物。

两种交替世代之间的关系可以用如下的公式清楚地表明,其中G和S分别代表配子体和孢子体:

G—o—o＞o—S—o—G—o—o＞o— S—o—G……

公式表示的是配子体会产生两种配子(雄配子和雌配子),二者融合后形成合子,合子会产生孢子体,而孢子体会产生无性孢子,无性孢子进而形成配子体,依次交替。

关于苔藓植物的孢子体和配子体有两点需要说明:①孢子体依赖于配子体获取营养,并且依附其上;②配子体是能够产生叶绿素的世代,因此更加显眼,容易被观察到。

如果用我们日常的观察来对应以上关于苔藓的描述,"苔藓植物"显然就是配子体的叶分枝;"苔藓果实"就是孢子体;而人们通常不会观察到配子体的藻状部位。

出现在不同世代不同结构的名称如下:配子体的藻状部位为原丝体,叶分枝为配子托;孢子体的柄状部位为蒴柄,瓮状的囊是蒴果。

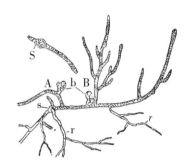

图 19.1　苔藓的原丝体。A,幼小的原丝体,可观察到萌发原丝体的孢子(S);B,较成熟的原丝体,可以看出分枝习性,以及孢子的残留物(s),假根(r),和产生叶分枝(配子托)的芽。

图 19.2　一种普通的苔藓(金发藓)。图中表示的是长出多叶的配子托和假根(rh),以及两个孢子体,包括蒴柄(s),藓帽(c),以及藓帽被移除后的蒴盖(d)。

198. 精子囊——苔藓植物的雄性生殖器官被称为精子囊,就如同菌藻植物中的一样，但是结构存在很大的差异。精子囊在菌藻植物中一般为单细胞（母细胞），可以被称为简单的精子囊，但是在苔藓植物中则是由多细胞组成，可以认为是复合精子囊。其通常有柄，表现为棒状，或者是椭球和圆球状（见图19.3、图19.4）。从精子囊的切面可以看出，其外壁由一层细胞组成，内侧有大量的小方形细胞聚集在一起，每个细胞都会形成单个雄配子（见图19.4）。雄配子非常微小且具有双鞭毛细胞（见图19.3）。这些小小的双鞭毛雄配子是辨别苔藓植物的特征之一。当成熟的精子囊潮湿时，会在轴部破裂，释放出里面的物质（见图19.3），雄配子会充满活力地游离出来。

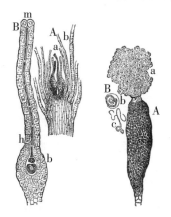

　　图19.3　一种普通苔藓（葫芦藓）的性器官。图中右侧表示精子囊（A）从轴内释放出一团雄配子母细胞（a），每个母细胞都有一个雄配子（b），每个雄配子（c）都具有双鞭毛；图中左侧表示的是茎顶端着生的一簇颈卵器（A），表示出颈卵器（a），叶片切面中的隔丝（b），以及单个的藏卵器（B）中，腹侧（b）包含雌孢子和腹沟细胞，颈部（h）包含已经凋亡的轴向细胞（颈沟细胞）。

图 19.4　苔类精子囊的切面，一层单细胞围绕母细胞团形成壁。

199. 藏卵器——雌性生殖器官，为多细胞结构，呈烧瓶状（见图 19.3、图 19.4）。其烧瓶状的颈部不同程度地伸长，在膨大的基部（腹面）内形成单个雌配子。

游动的雄配子会吸附到颈口上，进入并穿过颈部后，其中一个雄配子会与雌配子融合，最终形成合子。

200. 合子的萌发——苔藓植物中的合子并不是休眠孢子，而是会立即通过细胞分裂而发芽，形成孢子体胚芽，随后会发育成成熟的孢子体（见图 19.5 中的 A）。胚芽的下部向下生长进入配子托，形成基足，基足渗透进入配子托，稳固地锚定孢子体（见图 19.5 中 B 和 C）。胚芽的上部朝上生长形成蒴柄和蒴果。在真藓中，当胚芽对于其所依附的颈卵器变得过大时，颈卵器基部凸起的部位就会破裂，像一顶宽松的帽子一样附着在蒴果的顶部，被称为藓帽，其会随着蒴果的生长而上升，最终脱落。

201. 孢子体——孢子体发育完全后会分化成三个部位：基足、蒴柄和蒴果（见图 19.2）；但是有些形态中可能会缺少蒴柄，有些则缺少基足，这样孢子体可能只有蒴果或者孢子囊，因为这毕竟是蒴果最主要的部位。

蒴果刚开始非常坚固，其中的细胞都是相似的。随后内部的一组细胞会与周围的其他细胞产生不同，进而分离产生孢子。这些产

生孢子的起始细胞被称为孢原组织。

孢子形成后,母细胞的壁会解离,孢子松散地排布在产生孢子的组织留下的凹穴内。并不是所有的母细胞都会形成孢子。有些情况下,其中一些母细胞会为形成孢子的细胞提供营养物质,从而被消耗掉。在其他情况下,一些母细胞的形态会发生改变,会出生螺旋带状的细胞,被称为弹丝(见图 20.8),具有驱使或投掷的作用。这些弹丝位于松散成熟的孢子之间,会与孢子一起被释放出去,并通过其猛烈的收缩运动辅助孢子的散布。

从进化的角度来看,孢子体是非常重要的结构,其代表着高等植物最显著的部位。开花植物中的蕨类植物、草类、灌木,以及乔木都对应于苔藓植物的孢子体,而不是苔藓植物的叶分枝(配子体)。

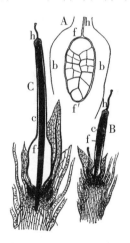

图 19.5　葫芦藓的孢子体。A,孢子体的胚芽(f,f′),形成于颈卵器内部;B、C,叶枝的尖端着生幼嫩的孢子体,向上抬升藓帽(c)和颈卵器的颈部(h),向下往配子体茎轴中生长出基足。

第二十章　苔藓植物的分类

苔类

202.一般特征——苔类植物生长于各种条件下,有些漂浮于水中,有些生长在潮湿的地方,有些则在树皮上。一般苔类植物都偏好潮湿的条件(水生植物),然而有些却能承受严重的干旱。配子体一般匍匐生长,但是也有少量为直立生长并且配子托无叶。

这种匍匐生长的习性发展出具有背腹性的结构——即躯体的两面(背部和腹部)处于不同的条件,因而结构也不同。苔类植物的腹面贴在基质上,伸出大量的毛状体(假根),用以吸收和锚定。背部区域暴露在光照下,细胞产生叶绿体。如果叶状体很薄,所有的细胞都会产生叶绿体;如果叶状体很厚,光照会被背部的细胞阻断,叶状体就会分化出能够行使叶绿体功能的绿色背部区,以及无色的腹部区,能够生长出吸收物质的假根。后一种情况代表着一种植物营养体进行功能区域简单分化的方式,腹部区吸收物质运输到绿色的背部区,背部的细胞利用这些物质制造养分。

苔类植物至少存在三个主要的进化方向,每一个都是以非常简单的叶状体起始,朝着不同的方向发展。大致情况如下:

203.地钱形态——在这条支线中,叶状体的结构由简单逐渐变得非常复杂。叶状体保持其简单的轮廓,但是厚度增加并且分化形成组织(一组相似的细胞)。因此,这条支线主要根据配子体组织的分化来区分(见图20.1、图20.2、图20.3)。地钱所特有的叶状体变得非常复杂,下面对其进行介绍。

叶状体非常厚,叶面形成非常明显的绿色的背面和无色的腹面(见图20.4)。腹面从单层的表皮细胞中长出大量的假根和鳞片。腹面表皮之内有多层细胞,由于对环境的适应变得无色。背面区域内形成一系列较大的气室,其中排布着包含叶绿素的细胞,这些细胞形成短分枝的片段。气室之上便是背侧的表皮层,表皮上形成明显的气孔通向气室(见图20.4中的B)。气室在表面表现为较小的菱形区域(网孔),每个网孔都包含一个气孔。

地钱的背侧面同时也形成了特殊的繁殖体,用以进行营养繁殖。背侧面形成较小的胞芽杯,其中含有无数的短柄孢芽,孢芽为扁平圆状,由多细胞组成(见图20.5、图20.6)。孢芽掉落后会产生新的叶状体,因而能够快速地进行无性繁殖。地钱还拥有非常突出的配子托,也被称为"性分枝"。在这种情况下,配子托会发生分化,其中一个只着生精子器(见图20.6),被称为"精子器分枝",另外一个只着生颈卵器(见图20.7、图20.8),被称为"颈卵器分枝"。扇形的精子器盘和星形的颈卵器盘都是由配子托支撑着。

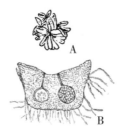

图20.1 非常小的钱苔属植物,属于地钱形态的一种。A,一组叶状体稍微放大后的样子;B,叶状体的切面图,显示出假根和嵌入叶状体的两个孢子体,通过叶状体中的管状通道与外界联系。

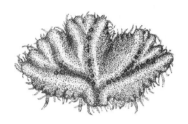

图20.2　浮苔，地钱形态的一种。从腹侧面生长出大量的假根，叶状体叉状分枝，孢子体沿着背面的主脉分布。

图20.3　两种常见的苔类。左边的为蛇苔，地钱形态，长有假根，叉状分枝，背侧面有明显的菱形区（网孔）；右边的为把角苔，结构简单的叶状体上长有荚状的孢子体。

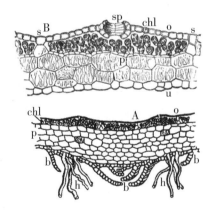

图20.4　地钱叶状体的纵切面。A，叶状体较厚部位的切面，有着丰富的支撑组织（p），下表皮生长出假根（h）和鳞片（b），含叶绿素的组织形成于被划分开的气室内（o）；B，叶状体接近边缘部位切面进一步放大，图中可见下表皮，两层具网状壁的支持组织（p），以及一个被隔离壁包围的气室，其中有含叶绿体细胞组成的短且分枝的片段，气室通过一个烟囱状的气孔（sp）穿过上表皮（o）。

图 20.5　地钱孢芽杯的纵切面,杯壁上含有着生叶绿素组织及气孔的气室,孢芽正处于不同的生长阶段。

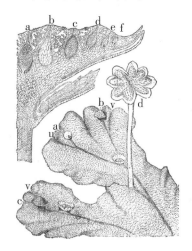

图 20.6　地钱。图中下方为一个着生成熟精子器分枝(d)的配子体,一些幼嫩的精子器分枝,以及一些边缘锯齿状的孢芽杯,可以看到其中的孢芽;上方为一个精子器托的局部纵切面,精子器腔中的精子器(a、b、c、d、e、f)可见。

204.叶苔形态——这是苔类最大的一个种类,形态类型要多于其他进化分支的类型。它们生长于潮湿的环境中,或者是稍微干燥的岩石、土地或树干,又或者是热带地区森林植物的叶片上。它们一般是小型植物,与较小的藓类相类似,人们一般会很容易将它们与藓类相混淆(见图20.9)。

叶苔一般在中心形成茎状的轴,上面紧密着生两列小叶片,而不会形成平整的叶状体。由于叶苔这种多叶的形态,因而被称为"叶苔",区别于其他叶状体的苔类。由于其有藓状的外观和小鳞毛状的叶片,通常也被称为"鳞毛藓"。

图 20.7　地钱,一种常见的苔类。1,叶状体,长有假根,着生一枝成熟的颈卵器分枝(f)以及一些幼嫩的颈卵器分枝(a,b,c,d,e);2和3,从腹面看颈卵器托;4和5,幼嫩的孢子体胚胎;6,在腹面颈卵器中稍微成熟的孢子体;7,成熟的孢子体释放孢子;8,三个孢子和一个弹孢丝。

205.角苔形态——这一进化分支包含的形态相对较少,但是它们更加让人感兴趣,因为人们认为它们代表着藓类,甚至也是蕨类发展的形态。角苔叶状体非常简单,如同另外两个分支一样,在结构和形态上都未产生分化,但是孢子体产生了特殊的变化(见图20.3、图20.10)。角苔孢子体较复杂,形成膨大的球根状基部,嵌合在简单的叶状体中,而上部生长出长角状的胞蒴。

形成三种苔类分支的主要进化方向可以简要归纳为:地钱分支的配子体结构产生分化;叶苔分支分化出不同形态的配子体;角苔分支在孢子体的结构上产生分化。需要注意的是,也可以根据其他的形态特征划分出不同的进化分支。

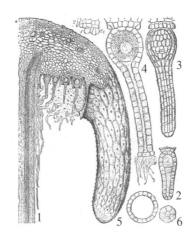

图 20.8　地钱：1,颈卵器托的部分切面,可以看出颈卵器有较长的颈部,腹面包含着雌配子;2,生长初期的颈卵器表现出绕轴心排列;3,颈卵器在随后时期的表面;4,成熟颈卵器轴心分离,留下给较大雌配子的通道;5,腹面的横切;6,颈部的横切。

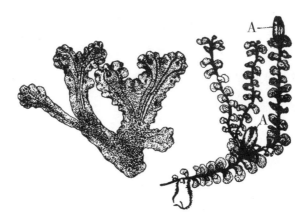

图 20.9　两种苔类植物,都属于叶苔。左边的为带叶苔,保留了叶状体的形态,但是叶边缘浅裂;右边的为合叶苔,形成明显的叶片和孢子体(A)。

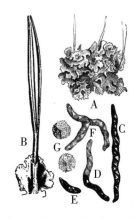

图 20.10　角苔。A，一些配子体，上面生长出孢子体；B，放大后的孢子体，表现出细长的特点，两荚裂开后暴露出中间的囊轴，其上着生孢子；C、D、E、F，不同形态的弹丝；G，孢子。

藓类

206. 一般特征——藓类是高度特异化的植物，可能起源于苔类，从水下到非常干旱的条件，藓类针对不同的环境产生了大量的适应性形态，其中在温带和北极地区最为丰富。如同地衣和苔类，大部分藓类在完全脱水的情况下遇到水分会重新复苏，这种形态的藓类与它们存在着非常普遍的联系。

藓类同时也拥有强大的营养繁殖能力，从老叶枝上生长出新的叶枝，可以无限地形成原丝体，从而形成大量厚厚的藓类覆盖层。密集生长的泥炭藓经常会完全覆盖住沼泽或者小池塘，只要条件适宜，会一直新陈交替，下层的植株枯死，上层则持续生长。颤沼就是藓类生长于水体或浆状泥炭之上，踏上去非常危险。在这些长满藓类的沼泽中，水会阻止下层藓类残体的完全分解，使这些藓类的残体逐渐形成黑色的物质，即煤炭，随着大量藓类持续向上生长，能够积累成相当厚的煤炭层。

配子体分化出两种完全不同的部位：①匍匐具有背腹性的叶状

体,在这类植物中被称为原丝体,有些原丝体是宽阔平整的叶状体,有些则是具有分枝的丝状体(见图 118.43、图 20.11);②直立的多叶分枝或配子托(见图 19.1)。与具有背腹性的叶状体不同,直立分枝为放射状,四周处于相同的环境下,器官绕着中心轴排布。这种形态比具有背腹性的形态更有利于行使叶绿素的功能,因为这样含叶绿体的器官(叶片)能够朝着各个方向自由地获取光照。

薛类着生叶片的分枝通常会在基部生长出假根(见图 20.11),从叶状体独立出来,而叶状体部位会枯萎死亡。然而在有些情况下,细丝状的原丝体会持续存在,因而具有多年生的习性。

精子器和颈卵器,在主轴或者侧分枝的多叶配子托的顶端结出果实(见图 19.2)。顶端叶片的形态会发生改变形成莲座丛,而莲座丛中间为性器官。这种莲座丛经常被称为"薛花",但是与种子植物的花没有任何联系,因此这一名称并不恰当。莲座丛可能仅包含一种性器官(见图 19.2),也有可能两种都包含,因为薛类中既有雌雄异株植物,也有雌雄同株植株。两种主要的种类为泥炭薛形态和真薛。

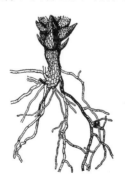

图 20.11　真薛,基部有叶状分枝(配子托)依附在原丝体上,同时生长出假根。右边原丝体片段的下方为另一个叶分枝的新芽。

207.泥炭薛形态——泥炭薛一般体型较大,颜色较浅,常见于沼泽地,尤其是温带和北极地区,是重要的泥炭形成植物(见图 20.12)。叶片和配子托轴特殊的结构使它们能够吸收并保持大量的水分。这

种能够大量蓄水的组织和缺乏叶绿素的细胞使泥炭藓的外观比较暗淡。

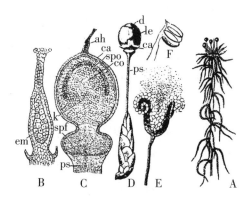

图 20.12　泥炭藓。A,生长着四个成熟孢子体的叶分枝(配子托);B,颈卵器,腹部生长着一个初期的孢子体(em);C,初期孢子体的切面图,表现出球根状的基部(spf)嵌合在假蒴柄的轴中(ps),蒴果(k)和囊轴(co)被圆顶状的原孢子(spo)覆盖,以及蒴帽的一部分(ca)和衰老的颈卵器的颈部(ah);D,着生成熟孢子体的分枝,可以看到假蒴柄(ps),蒴果(k),以及蒴盖(d);E,释放雄配子的精子器;F,单个雄配子,表现为有双鞭毛的螺旋小体。

208.真藓——这类苔藓植物数量众多且具有高度的组织特异性,包含大部分藓类,被称为真藓,以区别于泥炭藓。它们是具有代表性的苔藓植物,唯一能与其相媲美的只有叶苔。从水下到岩石上,真藓生长于所有的潮湿环境中,也能够形成沼泽中沉积的泥炭。

孢子体基部通常为细长的蒴柄,蒴果尤其复杂。当蒴盖掉落时,蒴果像是一个充满孢子的壶一样,蒴果的口部常表现为精致的齿状(见图 20.13),通常是从周边辐射朝向中央,称之为蒴齿。这些朝内或朝外的蒴齿有助于孢子的释放。

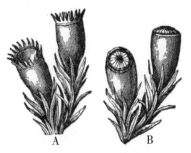

图 20.13　紫萼藓孢子体,蒴盖都已经掉落,显现出蒴齿。A,干燥时蒴齿的状态;B,湿润时的状态。

第二十一章 蕨类植物

209.苔藓植物总结——我们在介绍苔藓植物之前，先对菌藻植物进行了总结，表明这类植物对植物界进化所做出的贡献。在讨论蕨类植物之前，我们也要先总结苔藓植物所产生的一些重要进化特征。

（1）世代交替——尽管发现这一现象起源于菌藻植物，但是苔藓植物首先清楚地表现出有性（配子体）和无性（孢子体）世代的交替。每个世代产生一种孢子，从这一孢子中又会产生另一个世代。

（2）配子体和叶绿素世代——考虑到营养物质主要由配子体制造，因此配子体世代占主导地位。我们日常提到苔类或者藓类时，通常所指的都是配子体。

（3）配子体和不能独立生存的孢子体——孢子体主要依赖于配子体来获取营养物质，保持依附在配子体上，孢子体唯一的功能就是产生孢子。

（4）叶状体分化出茎和叶——在多叶的苔类植物（叶苔）中表现出不完全的分化，在藓类植物（配子体）中表现出更加明显的直立且呈放射状的叶分枝。

（5）多细胞的性器官——相比于菌藻植物，苔藓植物的精子器和

瓶状的颈卵器具有很强的特征性。

210.蕨类植物的一般特征——蕨类是数量最多,最具有代表性的植物。然而,与它们相关联的是木贼类和石松类等植物。很多人认为蕨类植物起源于角苔形态的苔类,也有人认为蕨类起源于绿藻。不论蕨类的起源究竟是什么,它们与藓类有明显的区别。

其中最重要的一个现象就是维管束系统的出现,维管束系统即"管道系统",用于植物体内的物质运输。这一系统的出现标志着植物进化步入新的纪元,就如同动物进化中"脊骨"出现的重要性一样。如同动物经常被分为"脊椎动物"和"无脊椎动物",植物经常也被分为"维管植物"和"非维管植物",前者包括蕨类植物和种子植物,后者包括菌藻植物和苔藓植物。蕨类植物作为第一批维管植物,备受关注。

211.世代交替——这种交替在蕨类植物中继续延续,甚至要比苔藓植物更加明显,配子体和孢子体之间相互独立生活。以一种普通蕨类的生活史过程为例,可以很好地表明这一现象,同时也可以表明一些重要的结构。在蕨类叶面的下表面经常可以观察到一些较暗的点或线。这些就是所产生的孢子,蕨类的生活史就是从这些孢子开启的。

当孢子萌发时,会产生小小的绿色心形的叶状体,类似于细小的简单苔类(见图21.1中的A)。在这种叶状体上会出现精子器和颈卵器,因此这一叶状体明显属于配子体。由于这种配子体通常很小,并且匍匐在基质上,一般很难注意到。这种叶状体被称为原叶体,所以当使用原叶体这一词时,一般是指蕨类植物的配子体。这种小小的原叶体上的颈卵器中会形成合子。合子发芽后会形成大型的多叶植物,也就是通常所称的"蕨类",地下茎向下生长出根,地上生长出较大的叶分枝(见图21.1中的B)。正是在这种复杂的植物体中出现了维管束系统。植物体不会形成有性器官,但是叶片上会长出无数充满无性孢子的孢子囊。因此,这种复杂的维管植物是孢子体,对应苔藓植物中的孢子体生活史。随着有性孢子再次生长出原叶体,就完成了一次生活周期。

相比于苔藓植物,蕨类植物的生活史中存在一些重要的不同点。最突出的就是孢子体变得较大,多叶,有维管束,且有独立生活的结构,与苔藓植物中的孢子体完全不同。

同时,相比于苔类和藓类植物中较大的配子体,蕨类植物的配子体发生了很大程度上的退化,变得如同最简单的苔类形态一样。

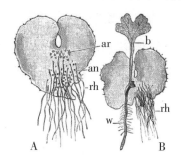

图 21.1　一种普通蕨类(绵马贯众)。A,腹侧面,表现出假根(rh)、精子器(an)及颈卵器(ar);B,较老的配子体的腹侧面,可以看到假根(rh)和生长出根(w)和叶(b)的幼孢子体。

212. 配子体——原叶体类似于简单的苔类,具有背腹性,从腹侧面伸出大量的假根(见图 21.1)。原叶体非常薄,所有的细胞都包含叶绿素,通常寿命都比较短。

在原叶体底部明显的凹痕就是生长点,相当于植物的茎轴。这种凹痕通常是明显的辨别特征。

精子器和颈卵器一般生长于原叶体的下表面(见图 21.1 中的A),除了角苔以外,与其他的苔藓植物都不同。性器官都陷入原叶体组织内,在叶表面留有开口,颈卵器的颈部会稍微伸出叶表面(见图 21.2)。雌配子与苔藓植物所形成的颈卵器并没有什么不同,但是雄配子则存在非常大的差异。苔藓植物的雄配子体型较小,具有双鞭毛,而蕨类的雄配子呈长螺旋形,后端钝平,前端逐渐变细,并形成大量的鞭毛(见图21.3)。因此,除石松外,蕨类植物的雄配子典型的特征就是体型较大,螺旋盘绕,且多鞭毛。

原叶体中很早就开始出现精子器,较晚才出现颈卵器。如果原叶体的营养供应不足,就只会出现精子器,要有足够的营养且发育充分,原叶体才会生长出颈卵器。因此,营养供给和两种性器官的生长发育存在着非常明确的联系,在后期发育过程中必须要考虑到这一现象。

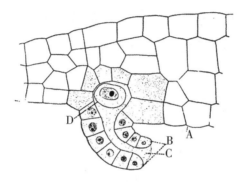

图21.2　凤尾蕨藏卵器处于受精的阶段,图中有孢子体组织(A),形成茎沟(B)的细胞,沟细胞(C)降解形成的通道,以及位于腹腔内的雌配子(D)。

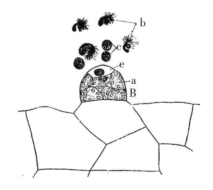

图21.3　蕨类的精子器(B),壁细胞(a)打开,释放出雄配子母细胞(e),雄配子(b)从释放出的母细胞(c)中脱离,雄配子表现出螺旋和多鞭毛的特征。

213.孢子体——这种复杂的植物体分化出根、茎、叶,比前面提到的任何植物体都更加具有高度的组织特异性(见图 2.14)。

大部分蕨类的茎都是由地下生长且具有背腹性(见图 21.4),但是热带地区的"蕨树"形成了地上直立的茎轴,其上生长着叶冠(见图 21.5)。其他一些蕨类植物中也有地上茎,有直立的,也有匍匐生长的。茎的结构较为复杂,细胞分化成不同的"组织系统",其中最突出的就是维管组织。

蕨类叶片的特点之一就是叶片的叶脉系统为二叉分枝,形成非常明显的叉状脉络(见图 21.6)。蕨类的另一种习性:幼叶从顶部向下卷曲折叠起来,顶端是环绕的中心,叶片伸展过程是从基部开始展开的(见图 21.4)。这种习性被称为"拳卷",当拳卷叶展开后,形成手杖状的顶部。叶芽中叶片的排布方式被称为多叶卷叠式(春季条件下),因此,蕨类植物叶片为拳卷多叶卷叠。叉状分枝的叶脉和拳卷的多叶卷叠是蕨类最典型的特征。

214.孢子囊——孢子囊由叶片产生,一般生长于叶片的下表面,且与叶脉紧密相连,排列成组,形成特定的形态,被称为孢子囊群。孢子囊群可能是圆形,或者是细长形,但一般都会有一层由表皮产生的精密的膜状器官(囊群盖)覆盖着(见图 21.4)。孢子囊群有时会沿着叶片的下表面延伸到叶边缘,例如掌叶铁线蕨以及凤尾蕨,在这种情况下,孢子囊群会受到卷曲的叶片边缘保护(见图 21.6),这种被称为"假囊群盖"。

显然这类叶片进行着两类完全不同的功能——光合作用和孢子形成。大部分蕨类都是如此,但是其中部分蕨类表现出将两种功能分离的趋势。一些叶片,或者一些叶分枝,只产生孢子不进行光合作用,而其他的叶片只进行光合作用却不产生孢子。对这些叶片的命名就能表现出叶片或叶片区域的分化。只产生孢子的叶片被称为孢子叶,相应的叶分枝被称为孢子叶分枝。只进行光合作用的叶片被称为营养叶,这种分枝被称为营养分枝。由于孢子叶不需要行使叶绿素的作用,通常会变得更加紧凑,且与营养叶完全不同。这类的分化常见于鸵鸟蕨和球子蕨(见图21.7)、海金沙、王紫萁、阴地蕨(见图21.8)以及瓶尔小草等。

图21.4　一种蕨类(绵马贯众)。从地下水平茎(根茎)生长出三个较大的分枝叶片,同时可以看到拳卷多叶卷叠式的幼叶。茎、幼叶以及大叶片的叶柄都被保护毛所覆盖。茎的下表面生长出大量的小根。图中3代表叶片下表面部分,显示出7个孢子囊群以及一个盾状的囊群盖;5代表的是孢子囊群的切面,孢子囊吸附在囊群盖内而被保护;6代表孢子囊打开后释放孢子,环带从下一直延伸到顶部。

普通的蕨类孢子囊包括细长的孢子囊柄和顶部膨大的孢子容器(见图21.4)。孢子囊有一层薄壁,由单层的细胞层组成,从孢子囊柄及接近柄部处开始围绕孢子囊壁延伸形成一排厚壁的特殊细胞,所形成的厚环被称为环带就如同地球仪上的本初子午线一样,环带就如同弯曲的弹簧一样。当薄壁弯曲时,环带会剧烈地收缩,从而使薄壁被破坏,这时孢子会被相当大的力度释放出去(见图21.9)。如果将一些蕨类的孢子囊放置于潮湿的载玻片上,孢子囊干燥后,稍微施加外力,就可以看到孢子囊炸裂,孢子被释放出去。

图21.5　一组热带植物。中间左边的为蕨树,茎为细长的圆柱形,顶部由较大的叶片组成树冠。右边叶片较大的植物为香蕉(单子叶植物)。

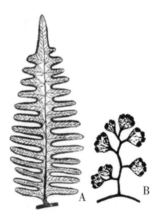

图21.6　两种常见蕨类的小叶。A,凤尾蕨;B,掌叶铁线蕨;二者都着生着孢子囊群,由叶边缘折叠形成的假囊群盖保护着。

图 21.7　球子蕨,分化出营养叶和孢子叶。

图 21.8
阴地蕨,分化出
营养叶分枝和
孢子分枝。

215.孢子异型——这种现象首次在蕨类中出现,但这并不是所有蕨类的特征,在数量远多于其他蕨类植物的真蕨类中就不存在这种现象。孢子异型在种子植物中是一类非常普遍的现象,其代表着通向更高等种类的变化。因此,在了解各类植物之前,必须要对孢子异型有所了解。由于孢子异型首先以简单的形式出现于蕨类植物中,因此这也可能是蕨类对植物界进化做出的最重大贡献。

在普通的蕨类中,孢子囊中所有的孢子都一样,孢子会萌发形成原叶体,而原叶体上会同时出现精子囊和颈卵器。

然而,在一些蕨类植物中,孢子在大小上存在着显著的不同,有些孢子非常小,而有些相对较大。较小的孢子产生雄配子体(带有精子囊的原叶体),较大的孢子产生雌配子体(带有颈卵器的原叶体)。当无性孢子在形态上存在如此大的差异时,会产生不同性别的配子体,我们将这种情形称为孢子异型,而这种植物被称为孢子异型植物(图 22.6)。相比于孢子异型植物,无性孢子中相同的现象被称为孢子同型。苔藓植物和大部分蕨类植物属于孢子同型植物,而部分蕨类植物和所有的种子植物属于孢子异型植物。

为了区分孢子异型植物产生的两种类型无性孢子(见图23.1),我们将较大的孢子称为大孢子,较小的孢子称为小孢子。需要记住的是,大孢子通常形成雌配子体,小孢子产生雄配子体。

除孢子外,孢子囊也各有不同(图22.6)。有些只产生大孢子的被称为大孢子囊;其他只产生小孢子的被称为小孢子囊。需要注意的一点是,小孢子囊一般会产生大量的小孢子,而大孢子囊会产生很少的大孢子,呈现出数量减少而大小增加的趋势,直到大孢子囊只产生单个大孢子。

下面可以通过一个公式来表示孢子异型植物的生活史。存在世代交替的孢子同型植物(苔藓植物和大部分蕨类植物)的生活史公式如下:

G—o —o＞o—S—o—G—o —o＞o—S—o—G—o —o ＞o—S······

孢子异型植物(部分蕨类植物和所有种子植物)应当被修改为:

G—o G—o＞o—S—o—G—o —o—G—o＞o—S—o—G—o —o—G—o＞o—S······

在这种情况下会涉及两种配子体,一种产生雄配子,另一种产生雌配子,二者融合后形成合子,合子萌发成孢子体,孢子体产生两种无性孢子(大孢子和小孢子),孢子萌发又会产生两种配子体。

另外关于孢子异型需要补充一点,即配子体发生了大幅度的退化。在孢子同型的蕨类中,孢子产生的原叶体虽然较小,但是能自由独立生存,可以形成两种性器官。而在孢子异型植物中,这种产生性器官的功能在两种配子体间划分开,配子体的形态变小并失去了自由独立生存的能力。由于配子体非常小,几乎不能完全脱离孢子体,如果完全脱离,配子体的生存要依赖孢子中储存的营养物质。

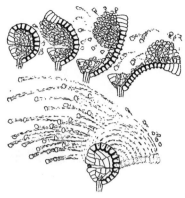

图 21.9　表示蕨类孢子囊裂开的一组图，随着孢子囊壁的破裂，伸直的环带会弯曲产生弹力。

第二十二章　蕨类植物的分类

216. 一般特征——蕨类植物中至少可以分为三支独立的主干：①真蕨类；②木贼类；③石松类。真蕨类种类最丰富，石松类有几百种形态，而木贼类大约只有 25 个物种。这三类植物彼此之间差异非常大，因此它们在植物界中并不像是同一类植物。

真蕨类

217. 一般特征——前面章节中将真蕨类的植物作为蕨类植物的典型代表，因此在这里只做少量的补充。蕨类植物中总共有 4500 多种，其中有 4000 种为真蕨类，因此真蕨类可以作为蕨类植物的典型代表。尽管在温带地区发现了很多蕨类植物，但它们主要还是位于热带地区，形成突出而具有典型特征的植被层。在热带地区，有微小苔藓状的叶片也有大型的叶片，除了可以观察到大片的低等植物外，还可以看到被落叶环绕，有着圆柱形树干的木本形态，有时这些植物可以生长到 10～14 米高，巨大的树冠有 5～6 米长（见图 21.5）。

真蕨类中同时也存在附生形态（气生植物），即附着在其他植物上，但是并不从其体内获取营养（见图 5.11）。这一习性的植物主要存在于温暖湿润的热带，在这些地区，植物可以从空气中吸收足够的水分,而不需要向土壤中扎根。通过这种方式,很多热带蕨类都生活在树木的活体、残体,或者其他植物之上。在温带地区,主要的附生植物有地衣、苔类和藓类,蕨类主要发现于潮湿的树木上或者沟壑之中(见图22.1)。然而也有很多蕨类生长于相对干燥且暴露的环境中,有时会覆盖大片的面积,如凤尾蕨。

　　真蕨与其他蕨类植物的不同之处在于,其有一些较大的叶片能够在行使光合作用的同时生长孢子囊。蕨类中很少会发生营养叶分枝和孢子囊分枝的功能分化(见图21.7、图21.8),但也会存在例外。另一个区别就是真蕨类的茎不分枝。

图 22.1　一群蕨类植物(绒紫萁)。

　　218. 孢子囊的产生——真蕨类中一个重要的特征就是孢子囊的形成。其中一些真蕨孢子囊由单个叶片的表皮细胞形成,并且生长于叶片表面,一般有柄(见图21.4);其他真蕨类中的孢子囊的形成过程涉及叶片的一些表皮细胞和更深层的细胞,一定程度上嵌合在叶片中。第一种情况被称为薄囊型,第二种被称为厚囊型。

　　“水生蕨类”是真蕨中另一类很小但是很有趣的蕨类,为漂浮形态,或者生长于泥泞的地面,蘋就是典型的代表(见图22.2)。细长的匍匐茎向淤泥中伸出无数的根,在一定的距离处生长出相对较大的叶片。叶片的柄部长且直立,叶面由四个伸展的楔形小叶组成,如同“四叶草”一样。二叉分枝的叶脉和拳卷的多叶卷叠式叶片表明其属于蕨类。在叶脉的近基部又伸出另一个叶片分枝,分枝的叶面被称

为孢子叶。在这种情况下,孢子叶会包裹住孢子囊,进而变硬呈坚果状。另一种常见的漂浮形态为槐叶萍(见图 22.3)。主要有意思的地方在于,这些水生蕨类都是具异型孢子。由于它们属于薄囊型,一般认为起源于普通的薄囊蕨类,而薄囊蕨类为具同型孢子。

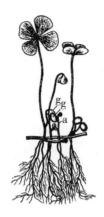

图 22.2　一种水生蕨类(蘋)。茎水平匍匐生长,根朝下,叶片朝上;a,幼叶表现出拳卷多叶卷叠的特征;g,孢子叶分枝(孢子果)。

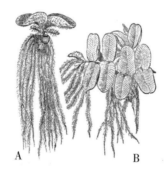

图 22.3　漂浮水生蕨类之一(槐叶萍)。图中表示的是侧视图(A)和俯视图(B)。悬浮的根状结构是水下变态叶。A 中近端部有一簇水下叶片,及一些孢子叶分枝(孢子果)。

木贼类

219.一般特征——目前木贼类中总共有 25 种植物形态,都属于木贼属,但是通过研究能够重现森林植被结构的煤层发现,木贼类植物曾经非常繁茂,这些只是以前众多的种类中残存的一部分。现存的木贼种类都很小并且不起眼,但是外观上具有非常明显的特征。它们生长于湿润或者干燥的地方,有时群体数量非常多(见图22.4)。

木贼类植物茎细长且有明显的节,茎节很容易被分离;植株呈绿色,布满了细小的纵棱;表皮上具有很多硅元素,因此植株手感很粗糙。所以木贼类植物在早先被人们用于搓擦物品,称其为"锉草"。每个茎节就是一个小叶的叶鞘,叶片在茎节处环状排布,被称为环生叶,有时也被称为轮生,每一组这样的叶片被称为一环或者一轮。这些叶片不含叶绿素,光合作用主要是利用绿色的茎来完成的。这样的叶片被称为鳞叶,与营养叶相区分。木贼的空心茎(实际上为分枝)有些很简单,有些则有大量的分枝(见图22.4)。在图例的物种中,早期的空心分枝很简单,通常不是绿色,且生长孢子叶球;而在后期分枝众多且不能生长孢子叶球,表现为绿色。

220. 孢子叶球——这类植物最明显的特征之一,是光合作用的功能和孢子形成的功能完全分离。尽管营养叶退化成鳞叶,光合作用由茎完成,但茎上也会有组织完善的孢子叶。孢子叶在茎末端聚集成紧密的圆锥形的叶簇,和松果相类似,被称为孢子叶球(见图22.4)。

每个孢子叶由柄状的部位和盾状的顶部组成。在盾片下面悬挂着孢子囊,孢子囊只产生一种孢子,因此属于同型孢子;随着孢子囊组成厚囊的结构,木贼类植物结合了蕨类植物中厚囊孢子和同型孢子的特征。然而,有趣的是,其中有些古老且具有高度组织化的植物属于异型孢子,表现为雌雄异株的配子体的形式。

图 22.4　问荆草，木贼类植物。1，从具有背腹性的茎中生长出三条生殖枝，鳞叶在茎节接合处合并在一起环生，末端的孢子叶球上有大量的孢子叶，其中的 a 已成熟；2，从相同茎上生长出的营养枝，表现出分枝特性；3，单个盾片状的孢子叶上着生着孢子囊；4，孢子叶的仰视图，可以看到裂开的孢子囊；5、6、7，孢子，外壳解旋，有助于孢子的传播。

石松类

221. 一般特征——现在，石松类植物有五百种，大部分包含于两个属：石松属和卷柏属，后者为较大的属。这类植物细长、分枝、匍匐或直立的茎完全被小营养叶覆盖，叶片的外观如同苔藓一样（见图 22.5、图 22.6）。通常直立的分枝末端为显眼的圆锥形或圆柱形的孢子叶球。与小型的松柏存在一定的相似性，因此被称为石松。

曾经的石松类植物要比现在更加丰富多样，并且更加发达，通过煤层检测发现，石松是构成远古森林植被的主要成员。

这类植物的明显特征之一，是其雄配子与其他蕨类植物并不相同，类似于苔藓植物（见图 19.2），即配子较小，具有双鞭毛，而不是具有大量鞭毛且螺旋盘绕的较大的配子。另一个显著的特征就是每个孢子叶只产生一个孢子囊(见图 22.5)。这明显与蕨类植物不同,一般蕨类叶片会生长大量的孢子囊;与木贼类也不同,其孢子叶也会生长多个孢子囊。

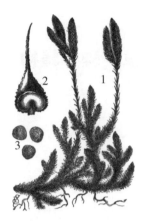

图 22.5　石松。1,整个植株,水平茎生长出根和着生孢子叶球的直立分枝;2,单个孢子叶及其孢子囊;3,放大后的孢子。

图 22.6　卷柏。A,生长孢子叶球的分枝;B,小孢子叶及小孢子囊,小孢子被从囊壁的裂缝中释放出来;C,大孢子叶和大孢子囊;D,大孢子;E,小孢子。

第二十三章　种子植物：裸子植物

222. 蕨类植物的总结——蕨类植物在植物界进化中所起的重要作用,有以下几点值得注意:

(1)孢子体的增强和维管束的出现——孢子体的增强与叶片的光合作用相关联,同时叶片使得维管系统的运输功能成为必要。整个蕨类植物都表现出这一特点。

(2)孢子体的分化——孢子叶与营养叶的外观明显不同,成簇的孢子叶被称为孢子叶球,是非常重要的结构。蕨类植物中几乎都存在分化的现象,但孢子叶球是木贼类和石松类植物所特有的。

(3)孢子异型的出现和配子体的退化——三大蕨类中都分别出现了孢子体异型的现象——蕨目中的水蕨,木贼目中的古木贼,以及石松目中的卷柏和水韭。在其他的蕨类中,大部分蕨类都是孢子同型。孢子异型出现的重要性在于,其引导了植物朝着种子植物的进化方向发展,同时配子体的大幅度退化也与此相关联,配子体最终只占产生它们的孢子非常小的一部分。

223. 四大类植物的总结——为了有助于区分四大类植物,下面对每类植物总结一些主要的特征。需要注意的是,这些并不是唯一的特征,也不是每种植物最重要的特征,而只是为了便于辨别。前三类植物给出两个特征——一个是所拥有的特征,另一个是与高一等级的植物相比缺少的特征。

(1)菌藻植物——有叶状体,无颈卵器。

(2)苔藓植物——有颈卵器,无维管系统。

(3)蕨类植物——有维管系统,无种子。

(4)种子植物——有种子。

224. 种子植物的一般特征——种子植物是最高等级的植物。它们非常普遍,在我们日常生活中随处可见,它们以前经常被专门作为"植物学"的研究对象,而将其他植物排除在外。低等植物不仅丰富了人们对植物界的认知,而且也是理解高等植物结构的前提。

这些占主导地位的植物被人们冠以各种名称。它们有时被称为"有花植物",表明它们是通过花被区分开的。"花"是一种很难被界定的器官,但是一种普遍的观点认为种子植物并不会产生花,而另一种观点认为蕨类植物的孢子叶球属于花。因此,花并不能准确地限定植物种类,因此有花植物这一名称并不常用。这类植物更常被称为显花植物,意思就是表现出明显的有性生殖的植物。这样,其他的植物就被称为隐花植物,意思即有性生殖被隐藏的植物。有趣的是,这两个名称实际上用反了,因为隐花植物有性生殖过程要比显花植物更加明显,产生这一错误的原因是显花植物中原本被认为是性器官的部位,后来被证明并不是性器官。因此,显花植物这一名称一般也已经被废除;但是涉及低等植物时,隐花植物的名称还经常会被用到;蕨类植物现在仍常被称为"维管隐花植物"。这类高等植物最明显的特征就是产生种子,因此一般称之为种子植物。

在描述完种子形成的过程之后,可以更好地对种子进行定义,但实际上,种子是由于在这类植物中,大孢子一直未从大孢子囊中被释放出来,其成熟后便可以直接发芽。因此,这类植物最重要的现象就是大孢子的保留,从而产生种子。后面将会进行详细介绍。

种子植物有两条非常独立的主干：裸子植物和被子植物。"裸子"是指种子一般暴露在外；"被子"是指种子被包裹在果皮之内。

裸子植物

225. 一般特征——温带地区常见的裸子植物有松树、云杉、铁杉、香柏等。这些植物通常被称为"常绿植物"。裸子植物是一类古老的植物，因为在煤层的森林植被遗迹中被发现，裸子植物与石松类和木贼类植物存在一定的联系。虽然松树仍然有广阔的森林，但目前裸子植物仅剩有四百余种。这类植物的结构多样，所有的形态不能归为一类进行描述。因此，我们将以松树为例，来介绍裸子植物的一般特征。

226. 植物体——裸子植物的主干属于孢子体，经常会形成巨大的树木，而实际上，在一般情况下根本观察不到配子体。需要注意的是，孢子体是明显的无性世代，不会形成性器官。结构巧妙的巨大的孢子体通过其根、茎、叶完成营养功能。这些器官的结构非常复杂，由各种组织系统组成，用以完成各项特殊的功能。叶片的变异主要分化成三种类型：①营养叶；②鳞片叶；③孢子叶。

227. 孢子叶——孢子叶是分离产生孢子囊的叶片，在松树中形成孢子叶球，就如同木贼类和石松类植物一样。然而，由于裸子植物属于孢子异型，会存在两种孢子叶和孢子叶球。其中一种孢子叶球由大孢子叶组成，生长大孢子囊；另一种由小孢子叶组成，生长小孢子囊。这些孢子叶球经常被称为松树的"花"，但如果认为这些是花的话，那么木贼和石松中孢子叶球就也可以被称为花了。

228. 小孢子叶球——松树中由小孢子叶组成的小孢子叶球相对较小（见图 23.1 中的 d、图 23.2）。每片孢子叶就像鳞毛一样，在基部收缩时变窄，孢子叶下表面结着两个明显的孢子囊，即小孢子囊，里面有小孢子（见图 23.2）。

图 23.1 松果。显示的是分枝的顶部，生长着针状叶、鳞叶及球果。a，非常幼小的雌球果，处于受精时期，幼芽顶部生长出新叶；b，一年球果；c，二年球果，鳞叶伸张开，种子脱落；d，着生雄球果簇的幼芽。

在低等植物中发现相应的结构之前，这些种子植物中的结构就已经被命名了。小孢子叶被称为雄蕊，小孢子囊被称为花药，小孢子被称为花粉粒或者花粉。这些名称在种子植物中仍然会经常用到，但是，这些只是与低等植物相对应的结构的另一种名称。

由小孢子叶组成的孢子叶球也可以被称为雄球花，经常被称为雄蕊球果，或者是雄球果，这是因为雄蕊曾经被认为是性器官。现在我们已经知道雄蕊就是小孢子叶，是由孢子体产生的器官，而孢子体并不会产生性器官，因此，这些名称应该被废弃。在这里，我们应该清楚地明白雄蕊并不是性器官，由于植物学中有很多这种陈旧的概念，可能会使初学者有些迷惑，忘记花粉粒其实属于无性孢子。

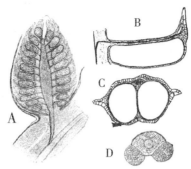

图 23.2　松树的雄球果。A,球果的切面图,展现出生长着小孢子囊的小孢子叶;B,单个小孢子叶的纵切面,下部为较大的孢子囊;C,小孢子叶的横切面,可以看到两个孢子囊;D,单个小孢子(花粉粒)放大后的形态,下部较大的壁细胞形成花粉管,上部较小的生殖细胞形成雄配子。

229. 大孢子叶——由大孢子叶组成的孢子叶球相比于其他要大很多,形成我们所熟知的球果,是松树及其近缘种典型的特征(见图23.1 中的a、b、c)。每片孢子叶都呈叶片状,在基部的上表面有两个大孢子囊(见图 23.3)。正是这些孢子囊产生并保留单个较大的大孢子。这种大孢子在孢子囊中类似于一个囊状的凹穴(见图 23.4 中的d),人们最初并不认为它是孢子。

同样,在低等植物中发现对应的结构之前,这些结构就已经被命名了。大孢子叶被称为心皮,大孢子囊被称为子房,因为观察到幼胚产生于大孢子内,大孢子被称为胚囊(见图 23.4)。

因此,大孢子叶的孢子叶球可以被称为具心皮孢子叶球或具心皮球果。由于心皮包含于雌蕊的结构组织,球果经常被称为雌蕊球果,这在后面会进行讨论。就如同雄蕊中球果有时会被误称为"雄球果",具心皮球果也会被错误地称为"雌球果",是因为根据过去的观点,心皮和子房代表着雌性器官。

这里必须要清楚地知道大孢子囊或者说胚珠的结构(见图 23.4

中的 c、图 23.6 中的 nc)；其近基部伸出一层外膜(珠被)(见图 23.4
中的 b、图 23.6 中的 i)，将珠心的主要部位覆盖住，并在超过珠心顶
端形成明显细长的结构，通过珠心顶端的通道被称为珠孔(见图 23.4
中的 a)。珠心的中心位置有一个明显的凹穴，被称为胚囊(见图 23.4
中的 d)，实际上为大孢子。珠被、珠孔、珠心及胚囊的关系应当要熟
记于心。在松树中，珠孔直接向下朝向孢子叶的基部。

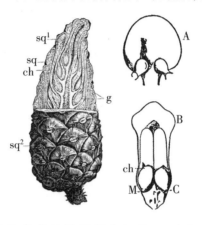

图 23.3　樟子松成熟松果的部分切面，心皮(sq、sq^1、sq^2)的腋
(g)处生长着种子，从中可辨认出胚；A，有两个大孢子的心皮；B，有着
成熟种子(ch)的老心皮，珠孔位于下方(M)。

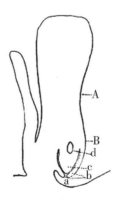

图 23.4　松树心皮结构地轮廓。可以看到着生胚珠(B)的鳞叶
(A)，胚珠中可以看到珠孔(a)，珠被(b)，珠心(c)，胚囊或者说大孢子
(d)。

230. 配子体——雌配子体和雄配子体非常小,它们完全生长于孢子内(花粉粒和胚囊),因此只能在显微镜下观察到。

雌配子体(常被称为胚乳)中填充着较大的胚囊,其表面朝向珠孔的位置形成普通的瓶状颈卵器(见图 23.5)。

雄配子退化程度更严重,仅由花粉粒中几个非常小的细胞代替,其中两个为雄配子细胞。这些雄配子细胞必须要进入颈卵器,花粉粒会伸出花粉管,雄配子通过花粉管进入颈卵器(见图 23.3)。

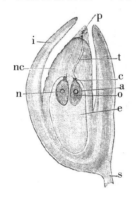

图 23.5 胚珠(大孢子囊)的剖面图。图中表示出珠被(i)、珠心(nc),胚乳或者说雌配子体(e)内有一个较大的大孢子嵌合在珠心内,两个有着较短颈沟(c)的颈卵器(a),腹部中含有雌配子(o),以及花粉粒或小孢子(p)发芽形成的花粉管(t),穿过珠心的组织到达颈卵器。

231. 受精——在发生受精之前,花粉粒(小孢子)必须要尽可能地接近雌配子体的颈卵器。孢子的数量众多,干燥且呈粉状,随着风能够远距离地传播。在松树及与其相近的植物中,花粉粒带有侧翼(见图 23.2 中的 D),因此它们的结构很适合在风中传播。这种花粉的传播被称为传粉,植物利用风作为花粉传播的媒介,称之为风媒。

花粉必须要进入子房,为了确保这一点,花粉必须要如雨点般倾泻而下。为了辅助抓取下落的花粉,球果鳞片状的心皮会展开,花粉粒顺着倾斜面滑下,集中于每片心皮的底部,而这正是子房的位置

（见图 23.3 中的 A、B）。珠孔的外缘随着自身的干燥或潮湿而向内或向外翻卷，通过这种活动方式，花粉粒被抓取后压在珠心的顶部。

处于这样的位置后，花粉粒就会形成花粉管，在珠心的细胞中形成一条通道，到达孢囊的外壁，然后穿透外壁进入颈卵器的颈沟。

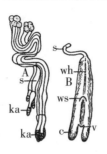

图 23.6　松树的胚。A，长且弯曲的胚柄(s)上的幼胚(ka)；B，附着在胚柄(s)上的成熟胚，向外延伸的根鞘(wh)，以及根尖(ws)、茎尖(v)和子叶(c)。

232. 胚——随着受精作用的完成，颈卵器中形成合子。合子正处在营养供给组织(胚乳)的表面，首先会生长出较长的圆柱形组织(胚柄)，胚柄会扎入胚乳中，在其端部形成胚。这样，胚就嵌合在胚乳的中间(见图 23.6)。

233. 种子——在胚的形成过程中，胚乳外部的子房同时也发生一些重要的变化。其中最值得注意的变化是，珠被转化形成坚硬的覆盖层，被称为种皮(见图 23.7)。所形成的种皮将内部结构密封在其中，阻碍其进一步的生长和活性，使这些活细胞进入休眠状态。这种休眠细胞及保护结构即种子。

种子的结构阻碍了胚的发育，这种在种子内的发育阶段被称为种子内发育。胚可能会在很长一段时间内保持这种状态，问题是胚是已经死还是处于假死状态，种子还是活的吗？这些问题很难回答，因为种子会多年保持脱水的状态，然后一旦处于合适的条件下就会复苏，生长出新的植株。

种子的"复苏"就如同"萌发"一样,但是一定不能与孢子的萌发相混淆,孢子的萌发才是真正意义上的萌发。在种子中,合子已经萌发形成胚,只是停止生长一段时间,然后再恢复生长。这种生长恢复的过程并不是萌发,而是种子被称为"发芽"时所发生的。随着孢子体脱离种皮(见图 23.7),开启了种子外的第二发育阶段。

图 23.7 松子。

图 23.8 松树幼苗。生长出较长的下胚轴和大量的子叶,种皮仍然附着在顶部。

234. 裸子植物类——目前存活的裸子植物至少有四大类,另外有两到三类已经灭绝了。不同种类之间的习性差异极大,从而表明裸子植物具有非常丰富的多样性。它们都是木质的形态,但可能会是蔓延散乱的灌木,或是参天大树,又或是在高处攀爬的藤蔓;它们的叶片有针状、阔叶状,或者是"蕨状"。对于我们来说,只需要将其分为两种最主要的类群。

235. 苏铁类——苏铁类为热带植物,形态与蕨类相似,叶片宽大而多分枝。有的茎呈圆柱形,上部是一层莲座状排布的多分枝叶片,有着和树蕨、棕榈相同的习性(见图 2.16、图 23.9);有的则像是巨大的块茎,树冠表现为相似的状态。在远古时期(中生代),它们的数量丰富,形成具有明显特征的植被群,但是现在却只存在八十余种形态,分布在东部和西部的热带地区。

图 23.9　苏铁,茎顶端生长叶片。中间为簇生的接近直立的幼叶,下部为覆盖叶芽的鳞叶,再往下为展开的叶片。

236. 松柏类——这是现在裸子植物中最大的种类,松柏构成的巨大森林成为温带地区的典型特征。其中一些形态分布广泛,例如松属的植物(见图 4.13),尽管有些种类原先分布众多,但是现在受到很大的限制,如美国太平洋沿岸各州的红杉。植物体的形态具有典型的特征,单轴分支,绕中心轴持续向着最高处延伸,侧枝水平展开,随着高度的增加而缩短,形成圆锥形的轮廓(见图 4.12、图 4.13)。杉树、松树等植物的这种外观,使得它们与其他树木有非常明显的区别。

针状叶是松柏类植物的另一个典型特征,这种叶片似乎是为了适应环境而产生的。这些叶片展开的表面积小且有很厚的保护壁,显示出抵抗逆境而产生的适应性的改变(见图 23.1)。由于这些叶片没有形成规律的凋落时期,树木一直被叶片覆盖着,被称为"常绿植物"。然而,也会存在一些例外,例如落叶松每个季节都会掉叶片(见图 4.12)。

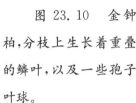

图 23.10　金钟柏,分枝上生长着重叠的鳞叶,以及一些孢子叶球。

图 23.11　欧洲刺柏,左边的分枝上生长着雄孢子叶球,右边的分枝上方生长着雄孢子叶球,下方为雌孢子叶球,成熟后会成为肉质浆果状的果实。

第二十四章　种子植物：被子植物

237. 裸子植物的总结——在开始被子植物的学习之前，我们先明确地说明一下，裸子植物从种子植物中独立并归为一类的特征，同时这些特征又能与被子植物区分开。

（1）小孢子（花粉粒）通过风传播，接触到大孢子（胚珠）后，花粉粒沿着所形成的花粉管进入珠心。花粉和胚珠的这种接触方式，意味着由裸露的胚珠形成种子，因此称之为裸子植物。

（2）雌配子体（胚乳）在受精前高度组织化。

（3）雌配子体形成颈卵器。

238. 被子植物的一般特征——被子植物无论是在数量上还是在重要性上都是最大的植物种类，估计有 100 000 种物种，构成地球植被层中最主要的部分。从本质上来说，被子植物属于现代植物的种类，取代了原先裸子植物在种子植物中所占的主导地位，它们表现出的变异性要高于其他所有种类的植物。被子植物的名称就表明与裸子植物暴露的种子相反，其种子被果皮所包裹。

被子植物同时也是真正的有花植物，真花的出现意味着花与昆虫间建立起微妙的共生关系，通过这种关系能够确保授粉的完成。因此，在被子植物中，放弃了以风作为花粉传播的媒介，从裸子植物

到被子植物,植物从风媒授粉转变为虫媒授粉。但这并不意味着所有的被子植物都是虫媒授粉,其中一些植物仍通过风来传播花粉,只不过虫媒授粉是被子植物主要的传粉方式。因此在导致花的结构产生各种变异的因素中,这一现象的重要性要远超出其他因素,从而形成这一植物种类的特征。

239. 植物体——如同裸子植物一样,被子植物的植物体当然也是孢子体,配子体变得非常微小而隐蔽。从微小的漂浮形态到参天大树,从草类到灌木再到乔木,从直立到匍匐再到攀缘,从水生到陆生再到附生,从几天到几个世纪的寿命,孢子体在形态、大小及寿命上表现出最大程度上的变异。

根、茎、叶要比其他种类植物更加精妙,而且组织也更加多样化,能够行使各种功能,被子植物的整体结构代表着植物体组织化所取得的最高程度。如同裸子植物一样,叶片是使用最多样的器官,至少存在以下四种变异:①营养叶;②鳞片叶;③孢子叶;④花叶。前三种叶片也存在于裸子植物,甚至是蕨类植物中,但是花叶是被子植物所特有的,组成了真花,进而与虫媒授粉相联系。

240. 小孢子叶——相比于裸子植物,被子植物的小孢子叶更为人所知的名称是"雄蕊",其与叶片已经失去了任何的相似性。小孢子叶由茎状的花丝和着生孢子囊的花药组成(见图 24.2、图 24.4 中的 A)。花丝或长或短,或细或宽,形态各异,甚至有些植物中会缺失。花药只是孢子叶承载孢子囊的部位,因此是孢子叶和孢子囊的组合,经常会存在一些不确定的限制。花药这一名称很方便,但是不够精确,也不够科学。

如果将一个幼嫩的花药横切,会发现表皮下嵌合着四个孢子囊,孢子囊成对地位于轴的两侧(见图 24.2、图 24.3)。当花药成熟后,每侧的一对孢子囊通常会合并到一起,形成两个含有孢子的腔(见图 24.3 中的 B)。这些结构一般被称为"花粉囊",尽管每个花粉囊由两个孢子囊合并而来,一般认为每个花药含有两个花粉囊,但并不等同于裸子植物中的花粉囊,其只有一个孢子囊。

花粉囊被打开后释放花粉粒(小孢子),这一现象被称为开裂。花药开裂存在多种方式(见图24.4)。目前最常见的方式是花药壁沿着纵向裂开(见图24.5),被称为纵裂;另一种方式是花粉囊在末端打开一个小孔(见图24.4),在这种情况下可能会向上延伸形成一条管道。

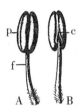

图24.1　天仙子雄蕊。A,前视图,展示出花丝(f)和花药(p);B,后视图,表现出花粉囊(p)之间的连接处(c)。

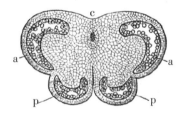

图24.2　曼陀罗花药的切面图。可以看到四个嵌合的孢子囊(a,p),其中包含着小孢子;每侧的一对孢子囊会合并到一起,成熟后会沿着结合处开裂,从而释放花粉。

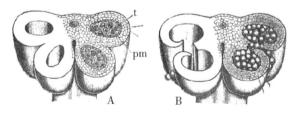

图24.3　花药的横切图。A,较早的时期,嵌入四个孢子囊,其中两个囊中的物质被省略未画出,但另外两个包含着被绒毡层(t)包围的花粉母细胞(pm);B,较成熟的时期,小孢子(花粉粒)已经成熟,每侧成对的花粉囊合并形成花粉囊,花粉囊沿着纵向开裂。

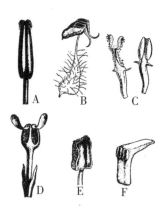

图 24.4　不同形态的雄蕊。A，来自茄属，顶端形成孔裂；B，来自杨梅属，花药顶端开口且为角状；C，来自小檗属；D，来自香皮茶属，通过升起的瓣膜开裂；E，来自楼斗菜属，侧裂；F，来自嘉陵花属，花粉囊位于雄蕊中部。

图 24.5　百合花药的横切面，孢子囊对间的花粉壁在分离在 z 处开裂，形成明显的腔（花粉囊），沿着纵向开裂。

241. 大孢子叶——大孢子叶在种子植物中被称为"心皮"，组织形成各种形态，但都是将大孢子囊（胚珠）包裹着。在最简单的心皮中，每个心皮都是独立的（见图 24.6 中的 A），其会分化形成三个部位：①中空膨大的基部，其中包含着胚珠，被称为子房，最终会形成果皮；②子房之上是细长的结构，为花柱；③通常在花柱的顶部或近顶部有一个特殊的花粉接收表面，即柱头。

在另外一种情况下，几个心皮一起组成一个子房，而多个花柱可能也会结合形成一个花柱（见图 24.6 中的 C），或者是花柱保持分离（见图 24.6 中的 B）。这样的子房中可能只含有一个小室，就好像是心皮边对着边联合到一起(见图 24.7 中的 A);小室数也可能与参与构成的心皮数相同(见图 24.7 中的 B),仿佛是每个心皮在结合之前都已经形成各自的子房。一般习惯称子房是"单室"或"多室"。多室子房的每个小室代表一个参与构成的心皮(见图 24.7 中的 B);而单室子房可能会有一个心皮(见图 24.6 中的 A),或者多个心皮(见图 24.7 中的 A)。

雌蕊可以用来代表子房组织及相对应的组成部位,这一名称非常方便但是不够科学。雌蕊可能只有一个心皮(见图 24.6 中的 A),或者多个心皮组合到一起(见图 24.6 中的 B、C),前一种情况属于单雌蕊,后一种为复雌蕊。换句话说,心皮中任何有子房且表现为单个器官的心皮组织,即雌蕊。

胚珠(大孢子囊)发育于子房中(见图 24.7),当胚珠是叶生时,生长于心皮壁上,茎生时,生长于子房内的茎末端。它们与裸子植物的胚珠结构相似,有珠被、珠孔、珠心和胚囊(大孢子),不同之处在于有两层珠被,即外层和内层(见图 24.8)。

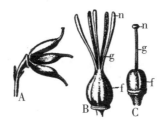

图 24.6　心皮的类型。A 三个简单雌蕊(离心皮),每个心皮有一个子房和一个顶部有柱头的花柱;B 一个复雌蕊(合心皮),有子房(f),分离的花柱(g)和柱头(n);C 一个复合雌蕊(合心皮),有子房(f),单个花柱(g)和柱头(n)。

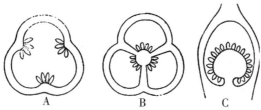

图 24.7　子房的剖面图。A,单室三心皮子房的横切面,子房三个心皮的侧壁联合到一起;B,三室三心皮子房的横切面,胚珠位于中间;C,纵切表现出胚珠生长在轴上。

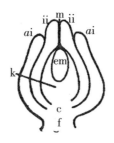

图 24.8　被子植物子房的剖面图,可见外珠被(ai),内珠被(ii),珠孔(m),珠心(k),以及胚囊或者说大孢子(em)。

242. 花的形态变化——一般而言,花可以被认为是生长孢子叶或者说花叶的变态分枝,相当于蕨类植物和裸子植物中的孢子叶球,蕨类植物和裸子植物有孢子叶但是没有花叶。在被子植物中,花的结构在刚开始时比较简单且表现为无限花序,然后逐渐变得复杂,直到最后表现为复杂且非常高效的结构。

花在进化过程中朝着多个方向进行,产生了丰富多样的结构。这些结构的多样性被应用到被子植物的分类中,一般认为相近的物种间,花的结构或者其他特征相似。花的一些进化方向如下:

(1)从无花被到有明显的花萼和花冠——在最简单的花中未表现出花叶,仅存在孢子叶。当花叶刚开始出现时只是不显眼的鳞片状叶。在更高等的植物中,花变得更加突出,但是相互之间仍然很相似。最后,花叶开始分化,外层(花萼)保持为鳞片状或者小叶片状,内层组织

变得更加精致，并且更大，颜色一般也更加鲜艳(见图 4.27)。

(2)从螺旋到轮生——在最简单的花中，孢子叶和花叶(如果有的话)围绕着轴心呈螺旋状分布，如同一串叶片一样。随着轴的延长持续生长，可能会出现无数的花器官。因此，螺旋分布和无限花序被认为是花的初级特征。

在更高等的形态中，轴变短而螺旋更加紧密，直到最终这一系列器官似乎是莲花座或轮生分布。这种轮生方式可能不会出现在所有的花器官中，但是在最高等的形态中，所有的花器官都会表现为特定的轮数。从螺旋到轮状分布方式的进化过程中，植物持续表现出要保持特定数目花器官的趋势，当最终建立起完整轮状分布时，就成为这一类植物的典型特征。例如，在轮生单子叶植物中，通常每轮只有三个花器官，而在轮生双子叶植物中一般有五个。

(3)从子房上位到子房下位——在较简单的花中，花萼、花瓣和雄蕊从子房下部生长出来(见图 2.1、图 4.28)，在这种情况下，子房可能看起来明显高于其他部位嵌入的位置，这样的花常被称为子房上位，或者是下位花，实际就是指其他部位插入的位置位于子房之下。

然而，植物中外层部位插入的位置越来越高，直到高于子房，花萼、叶片和雌蕊似乎是从子房的顶部生长出来的(见图 2.3、图 4.28)，这样的花属于上位花。这样的情况下，子房并不是在花中，而是在花之下(见图 7.2)，这种花经常也被称为子房下位。

(4)从心皮离生到心皮合生——在较简单的花中，心皮完全独立，每个心皮形成单雌蕊，单个花中包含多少心皮就有多少雌蕊(见图 24.6 中的 A)。这样的花被称为心皮离生，意思即心皮相互分离。然而，植物的花存在很强的将心皮组织到一起形成单个聚合雌蕊的趋势(见图 24.6 中的 B、C)，这样的花被称为心皮合生，即心皮聚集到一起。

(5)从离瓣花到合瓣花——在较低形态的花中，花瓣之间完全分

离,这种现象被称为离瓣,在最高等的被子植物中,花瓣合并,花冠变得或多或少呈管状器官(见图4.29、图4.30)。这样的花被称为合瓣花,即花瓣合并起来。

(6)从规则到不规则——最简单的花中,组成花器官的相同结构都比较一致,这样的花就是规则的(见图4.30中的a、b)。然而,在特定的进化方向中,花中的一些部分,尤其是心皮部分,存在趋向不同的倾向。例如,在紫罗兰中,其中一个心皮发展出花距,而香豌豆中,心皮则明显不同。这样的花是不规则的(见图4.30中的c、d、e),通常来说,花的不规则性与昆虫授粉的适应性相联系。

这些不同的方向出现在不同花的不同进化阶段,因此几乎不可能确定所有情况下花的相对等级。然而,如果花没有花被,无限花序,子房上位,且心皮离生,那么这种花的等级很低;但是如果花有花萼和花冠,完全的轮生,子房下位,心皮合生,合瓣花,且不规则,这种花的等级就很高。

243. 配子体——如同裸子植物一样,种子植物中的配子体极其简单,完全处于产生配子体的孢子内。

雄配子体仅由花粉粒中的几个细胞组成,其中有两个为雄配子。

当发生传粉时,花粉从花药中转移到柱头上,被柱头表面微小的乳突抓取,同时柱头表面也会分泌出有甜味的黏液。这些液体为供给小孢子的营养液,而小孢子随后会伸长花粉管。花粉管会穿过柱头表面,进入花柱组织,而花柱有时会非常长,在花柱细胞提供的营养下,花粉管缓慢或者快速横穿出花柱,随后进入子房腔,经过胚珠的珠孔,进入珠心组织(如果有的话),最终抵达并穿入胚囊壁,其中就是等待受精的雌配子(见图24.9)。

雌配子体生长于胚囊内,开始时由七个独立的细胞组成,其中有一个是雌配子,未形成颈卵器。雌配子位于囊中最靠近珠孔位置的末端,处于进入花粉管最有利的位置。受精完成后形成一个合子,胚囊中的一个细胞开始分化形成胚乳,因此胚和胚乳一起发育,直到种子完全形成。

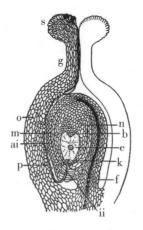

图 24.9 心皮的纵切面,表现出受精过程及所有部位。s,柱头;g,花柱;o,子房;ai、ii,内珠被和外珠被;n,珠心基部;f,珠柄;b,反足细胞;e,胚乳核;k,雌配子和一个助细胞;p,花粉管,从柱头生长出,穿过珠孔(m)到雌配子。

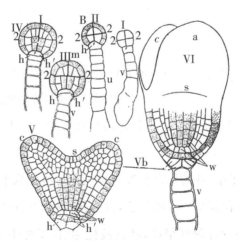

图 24.10 荠菜胚的发育,为一种双子叶植物。从最早阶段的 I 开始,依次按顺序到最后阶段的 VI,v 代表胚柄,c 为子叶,s 为茎尖,w 为根,h 为根冠。注意根尖位于轴的一端,而茎尖在子叶中的轴的另一端。

244. 胚——当合子发芽时，一般会形成胚柄，但是不会像裸子植物中那么明显。胚柄的末端形成胚，当胚发育完全后会被提供营养的胚乳包裹，或者胚本身储存着丰富的营养物质。

两类被子植物胚的结构存在巨大的差异。在单子叶植物中，胚轴在一端形成根尖，在另一端形成子叶，茎尖从轴的侧面产生（见图24.11）。一般只会产生一片子叶，因此这类植物被称为单子叶植物。

图 24.11　泽泻幼胚，单子叶植物，根形成于一端（胚柄附近），子叶位于另一端，茎尖从侧面的凹口长出。

在双子叶植物中，胚轴的一端形成根尖，另一端形成茎尖，子叶（一般为两片）成对地出现于茎尖另一边的侧面（见图24.10）。由于子叶位于侧面，它们的数目可能存在变化。在裸子植物中，这类胚经常有多个子叶（见图23.7）；在双子叶植物中可能有一到三个子叶；但是由于这类植物中的子叶几乎都是成对的，因此被称为双子叶植物。

子叶和根尖的胚轴部位被称为下胚轴（见图8.1a、图23.7、图24.12），位于子叶之下，与胚脱离种子束缚的能力存在很大的联系。下胚轴原先被称为幼茎或幼根。在双子叶植物中，子叶间的茎尖一般会为随后叶片的生长做好准备，形成幼芽。

不同的种子中，胚的发育程度各异。在一些植物中，尤其是寄生或腐生植物，胚仅仅是一小团细胞，没有任何根、茎、叶的组织。而在很多植物中，胚发育程度很高，胚乳被耗尽后，子叶中充满了营养物质，胚芽含有几片发育程度很好的幼叶，胚完全填满了种子的腔室。刀豆就是一个很好的例子，整个种子在珠被下，由两个较大且肉质的子叶组成，子叶间为下胚轴及一些叶片的幼芽。

245. 种子——如同裸子植物一样，当上述的过程在子房内发生时,珠被转化成了种皮(见图 24.12)。当这层硬壳发育完全时,内部的活性就会中止,整个结构进入生命暂停的阶段,并且这种状态会持续很长时间。

种皮在种子中存在很大的变异,有的闪耀光滑,有的凹凸不平,有的则很粗糙。有时种皮上会有很明显的附属物,用来协助散播种子,如梓树和紫葳(见图 6.10)种子上的翼,或者乳草、棉花及柳兰种子上成簇的毛。

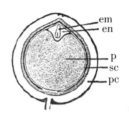

图 24.12　左边的两个是紫罗兰的种子,其中一个展示了黑色坚硬的种子,另一个切面图展示了种皮、胚乳及嵌入的胚;右边是胡椒果实的切面图,展示出子房壁(pc)、种皮(sc)、珠心组织(p)、胚乳(en)及胚(em)。

246. 果实——雌蕊完成受精后,不仅使胚珠形成了种子,子房也会受到影响,表现为一定程度的膨大。同时子房结构也会发生改变,表皮经常会变硬,或者像羊皮纸一样。如果其中含有多粒种子,子房会组织成能够以某种方式打开的结构来释放种子,如荚果和蒴果(见图 6.17)。如果其中只有一粒种子,子房壁如同另一层珠被一样,会尽可能地靠近种子,结果产生类似种子的果实——这种果实永远不会打开,实际上就相当于种子一样。这样的果实被称为瘦果,这也是被子植物中菊科非常典型的特征,包括向日葵、紫苑、一枝黄花、雏菊、蓟、蒲公英等。干燥的瘦果不能打开外壳释放种子,经常会生长一些附属物,来协助风媒传播(见图 6.11、图 6.12),或者动物传播(见图 6.24)。

荚果、蒴果和瘦果都属于干果类,很多植物的果实成熟后富含肉

质。桃、李子、樱桃，以及所有的核果类果实中，子房壁组织形成两层，内层变得非常坚硬，形成"核"，外层形成果肉，或者各种形态（见图24.12）。在葡萄、醋栗、西红柿等这一类的浆果中，整个子房变成薄皮的果肉团，种子嵌在其中。

在有些植物中，受精作用的影响会超出子房之外。在苹果、梨、柑橘这一类的果实中，果肉部位是变态的花萼（花叶之一），子房和所含的种子为其中的"核"。在另外一种情况下，着生子房（花托）的茎末端变成膨大的果肉，如草莓。这种效应有时会涉及除花以外的部位，还会影响到所在的茎轴和苞叶，使其膨大形成果肉，如凤梨。

因此，就目前所考虑到的这些结构来说，"果实"这一名词很难界定。

247. 种子萌发——综上所述，将"萌发"这个词应用于种子内幼苗活力的恢复，实际上是不正确的，但是没有更合适的词，只好继续使用。"种子复苏"是一种非常容易观察的现象。

而目前人们并不能很明确地知道，不同种子从生命中止的状态到重新恢复活力所需的时间。有些种子在保持干燥状态很多年后仍能发芽，但是类似于从埃及木乃伊裹尸布中取出的小麦种子能够发芽的传闻就是谣言了。

如果种子的结构正常，在特定的条件下就会萌发，其首要条件就是水分、温度和氧气。不同种子所需要的水分和温度存在很大的差异，但是对于陆生植物来说，所有合适的条件都是在生长季节合适的温度下，掩埋在疏松湿润的土壤中。

这种所谓的萌发只是胚的恢复生长，致使胚从种皮中解脱出来，从而能够建成独立生活的植株。所有胚生长所需的条件有：储存在种子中的营养物质，一般主要以淀粉或油脂状态存在；氧气，用于呼吸作用；水，使细胞处于合适的工作条件，同时作为物质运输的介质；合适的温度，是进行化学反应所必需的条件。

　　种子吸水后，首先能够注意到的突出变化是种子内的物质开始软化，如果储存的营养物质是坚硬而不可溶的淀粉形态，那么会通过消化分解的过程转换为可溶性糖。行使消化功能的物质被称为酶，种子中含量最丰富的酶是淀粉酶，能够将淀粉转化为糖类。伴随着这些变化，可以注意到温度会显著提升，所以当使一大堆种子同时发芽时，将会产生大量的热量，如麦芽制造的过程。

　　种子中首先伸出的部位是下胚轴的尖部，下胚轴的上部会快速地伸长将尖部推出（见图 8.1a 中的 B）。所伸出来的尖部会快速地伸长，并且其对重力的作用非常敏感，为了进入土壤会产生各种必要的弯曲，最终会发育成根部。下胚轴进入土壤后，开始伸出侧枝，来保证胚的其他部位脱离种子时所必需的抓附力。

　　由此获得一定程度的锚定后，下胚轴的上部再次开始快速生长阶段，导致下胚轴弯曲，称为"下胚轴拱"（见图 8.1a 中的 C）。大豆在发芽的过程中，首先出现在地面的就是这种拱形结构，这样易于将子叶拉出地表。

　　最后，拱形结构会努力伸直，将子叶和茎尖从种皮中拉出，植株的轴就伸直了（见图 8.1b），子叶或者其他类型的叶片就会展开，种子萌发的过程就结束了；有着土壤中的根部，和空气中迎着阳光展开的绿叶，幼苗就能独立生活了（见图 24.13）。

　　在此需要注意的是，以上给出的过程并不适应于所有种子的萌发过程，不同种子在这一过程中存在明显的差异。例如，豌豆和橡子的子叶中充满了养分而失去了叶片的功能，不能从种皮中挣脱出，但是处于子叶间的茎尖通过子叶基部的伸长，会形成长短不一的茎秆。在谷类中，如玉米、小麦等，胚都是位于种子的一端，因而当覆盖的薄皮层破裂时，胚能够暴露出来。这些植物中的子叶始终不会展开，一直作为吸收器官，而根朝着另一个方向延伸，茎和未出鞘的叶片则朝另一个方向生长。

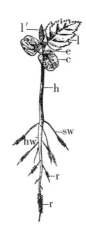

图 24.13　角树苗,显现出着生细根(sw)的初生根(hw),其上由无数的根毛(r),其他部位有下胚轴(h)、子叶(c)、幼茎(e)及第一片叶(l)和第二片叶(l′)。

248. 被子植物的总结——本章节开始时,对裸子植物区别于被子植物的特征进行了总结,被子植物相对应的特征如下:

(1)小孢子(花粉粒),主要由虫媒授粉,使花粉与柱头相接触,柱头位于心皮表面的接受区域,花粉会形成花粉管,穿过花柱到达包含胚珠(大孢子)的子房。花粉和胚珠之间不能直接接触,意味着胚珠和随后形成的种子都是封闭的,因此称为"被子植物"。

(2)雌配子体仅在受精前稍微发育,雌配子很早就出现了。

(3)雌配子体不产生颈卵器,只是单个裸露的卵细胞。

第二十五章　单子叶植物和双子叶植物

249. 相对特征——被子植物分为单子叶植物和双子叶植物,通常很容易辨别。单子叶植物相对更加古老,形态更加简单,大约有20 000多种物种。双子叶植物种类更加丰富,形态更加多样,大约有80 000多种物种,在所有的植被层中多占主导地位。二者主要形成对比的特征如下:

单子叶植物——(1)胚中的子叶生长于末端,茎尖侧生。单子叶植物中都是如此,无一例外。

(2)茎中维管束分散(见图25.1)。这意味着木质茎的直径不会每年增长,也不会形成大量的分枝,但也有一些例外。

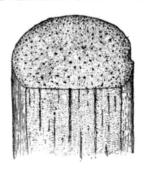

图 25.1　玉米茎的切面,显示出散布的维管束,为横切面上的黑点和纵切面中的线所表示。

（3）闭合的叶脉系统（见图25.2中的左图）。一般来说，单子叶植物的叶脉比较明显，走向大致平行，中间有杂乱的细叶脉系统，不易被观察到。叶脉系统并不会在叶缘处终止，而是会形成"封闭脉络"，所以叶片通常有平坦完整的叶缘，但也存在一些较明显的特例。

图25.2　叶脉的两种类型。左图为单子叶植物中六角星花叶片，主要的脉络平行，非常微小的细脉穿插其中，裸眼不可见；右图为双子叶植物中柳树的叶片，表现为网状叶脉，主脉伸出一系列的平行分枝，相互之间通过细脉网络连接。

（4）三基数轮生花。三基数轮生花是单子叶植物比较典型的特征，但是也有一些双子叶植物的花瓣为三基数。

双子叶植物——（1）胚的子叶侧生，茎尖生长于末端。

（2）茎中维管束形成空心的圆柱体（见图25.3中的w）。这意味着木质茎的直径每年都会增加（见图25.4中的w），并且分枝系统和叶面积每年都有可能增加。

（3）开放的叶脉系统（见图25.2中的右图）。较大叶脉之间的较小细脉网络通常非常明显，尤其是在叶片下表面，与单子叶的"平行脉"叶相对应，被称为"网状脉"叶。叶脉系统在叶缘结束，形成一个"开放脉络"。因而，尽管叶片可能会保持完整，但通常会形成锯齿状或浅裂等各种分裂形态。两种主要的能够影响叶片形态的脉络类型,一种是穿过叶片中间部位非常突出的叶脉,称为主脉。从主脉产生所有的侧脉(见图 25.5),这样的叶片被称为羽状叶或羽状复叶,并且倾向于形成细长的形态。另一种是从叶柄产生多个同等突出的叶脉并朝各方向分离(见图 25.5),这样的叶子称为掌状叶或掌状复叶,并倾向于形成宽阔的形态。

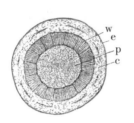

图 25.3　槭叶枫幼枝的横切面,呈现出茎的四个组成部位。e,表皮,用较粗的边框线表示;c,皮层;w,维管柱;p,木髓部。

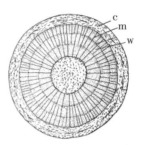

图 25.4　槭叶枫三龄树枝的横切面,维管柱中表现出三道年轮,或者说生长轮;放射状的线条(m)代表髓射线,从髓部延伸到皮层(c)的主要部分。

图 25.5　表现出羽状和掌状分枝的叶片;左边是漆树叶片,右边是七叶树叶片。

(4)五基数或四基数轮生花。绝大多数双子叶植物的花都是五

基数，但其中一些科的花为四基数。也有一些双子叶植物中的花为三基数或二基数。

值得注意的是，除了胚的特征以外，以上没有任何一个特征可以单独地区分两类植物。正是这些特征的组合决定了植物的种类。

250. 单子叶植物——单子叶植物中大约可以辨别出 40 个科，含有大量的属，在这些属中可以划分出 20 000 多个种。很明显，我们几乎不可能考虑到如此众多的形态，即便是科也因为数目过多而不能详细叙述。

单子叶植物的科类中，最重要的有各种各样的水生眼子菜科、沼泽地里的香蒲科、禾本科和莎草科、热带的棕榈科、天南星科、百合科和兰科。其中，禾本科植物组成了数目众多、具有应用价值的植物之一。它们在世界范围内广泛分布，个体数量众多，往往在大面积的土地上密集生长，形成葱郁的草地。如果将与禾本科植物相似的莎草科加起来，大约有 6000 种物种，大约占单子叶植物总数的三分之一。其中包括各种谷类、甘蔗、竹子和牧草，它们都是非常有应用价值的植物。

棕榈科和天南星科植物各有约 1000 种物种，都是热带植物中的重要物种。

而在温带地区，百合及其近缘物种的花明显而高度组织化，是单子叶植物的典型代表。

在单子叶植物中，兰花科包含的物种数目最多，经各方估计，有6000～10 000 种。然而，从个体数目上来说，兰科与禾本科甚至百合科相比，差距很大，因为一般来说它们属于所谓的"稀有植物"。兰花是高度发达的单子叶植物，它们颜色绚烂、形状各异，与昆虫访花存在着令人惊叹的适应性关系。

251. 双子叶植物——双子叶植物是植物中等级最高、数量最多、组织程度最完善的植物，包括约 80 000 种物种。它们代表着所有地区占主导地位且最完善的植物，尤其是在温带地区处于优势。包括各种草本、灌木和乔木，它们的大小形态各异，叶片形态多样。

双子叶植物可以划分为两大种类：离瓣花亚纲和合瓣花亚纲。前者要么没有花瓣要么花瓣分开（离瓣）；后者则是合瓣花冠。离瓣花亚纲的形态较简单，从像单子叶植物一样简单的形态开始；而合瓣花亚纲明显起源于离瓣花亚纲，并且成为所有植物中组织化程度最高的植物。这两大种类中，每类约有 40 000 种物种，但是离瓣花亚纲约有 160 个科，而合瓣花亚纲约有 50 个科。

（1）离瓣花亚纲——双子叶植物的这一大分支中包括：乔木类植物，包括白杨、橡树、山核桃、榆树、柳树等；毛茛属植物，包括毛茛、睡莲、罂粟、芥菜等；蔷薇科，温带地区知名度高且具有应用价值的植物种类之一；豆科，迄今为止离瓣花亚纲中数目最多的种类，约有 7000 种物种；伞形科，包含大量可利用的形态，是离瓣花亚纲中组织程度最高的科类。

（2）合瓣花亚纲——这类植物是双子叶植物中等级最高且进化时间最近的双子叶植物。尽管它们包括热带地区众多的灌木和乔木，但它们在温带地区绝不是像离瓣花亚纲那样的灌木和乔木群。花不断环生，形成四瓣或五瓣花，并且花冠合瓣，雄蕊通常着生在花瓣形成的管中。

在众多的科类中，以下为较常见且重要的种类：杜鹃花科，主要在温带、北极或高寒地区；旋花科，花冠形成明显的管状、漏斗状、喇叭状等，具有芳香味的唇形科，有 10 000 多种物种，其近缘种类为茄科、玄参科和马鞭草科；最后，同时也是最高等的植物——菊科，在各地都有分布，是被子植物中最多且等级最高的植物，据估计有 12 000 多种，占所有已知双子叶植物数量的七分之一，占所有已知种子植物数量的十分之一。其不仅数量庞大，同时也是最年轻的科类，在温带地区大多是草本植物。

专业词汇

专业术语的定义通常不会非常全面。通过索引来参照文中的内容可以更好地理解这些专业术语。以下词汇表仅包含频繁使用的专业术语。意思浅显的词在此不做释义。

瘦果：仅含一粒种子的果实，成熟后干燥，像种子一样。

世代交替：植物生活史中配子体世代与孢子体世代的交替。

风媒：指植物采用风作为花粉传播的媒介。

花药：雄蕊着生孢子囊的部位。

精子囊：雄性器官，产生雄配子。

无瓣花：指没有花瓣的花。

心皮离生：指花的心皮之间相互分离。

藏卵器：苔藓植物、蕨类植物和裸子植物产生雌配子的器官。

子囊果：含有子囊的特殊结构。

子囊孢子：形成于子囊内的孢子。

子囊：内含子囊孢子的薄囊（母细胞）。

无性孢子：通常由细胞分裂产生，而不是由细胞融合产生。

花萼：花的最外层花叶。

蒴果:苔藓植物中为孢子容器;在被子植物中为干燥的果球,打开后释放出种子。

心皮:种子植物的大孢子叶。

叶绿素:植物中的绿色物质。

叶绿体:细胞内被叶绿素染成绿色的质体。

接合:相同配子的结合。

花冠:植物内部花叶的总称。

子叶:孢子体胚芽生长出的第一片叶子。

轮生:指叶片或者花叶以两片或多片在茎轴的同一水平上生长,形成环状或轮状。

开裂:生殖器官打开释放出其中的内含物,如孢子囊、花药、蒴果等。

叉状分枝:茎轴的尖端以叉状的方式进行分枝。

雌雄异株:指植物不同的性器官生长于不同个体。

背腹性:植物体的上下表面暴露于不同环境中,如叶状体。

卵细胞:雌配子。

胚:植物从孢子生长发育的早期阶段。

胚囊:种子植物中的大孢子,最后其内会包含胚。

胚乳:在胚囊内发育的营养组织,来自于雌配子体。

虫媒传粉:指植物利用昆虫作为花粉传播的媒介。

子房下位:外部花叶的生长部位高于子房。

受精:雄配子和雌配子的结合。

花丝:雄蕊的柄状部位。

基足:孢子体中嵌入配子体的部位,蕨类植物中孢子体的胚从配子体吸收养分的器官。

配子囊:产生配子体的器官。

配子:一种性细胞,不同配子融合产生性孢子。

配子体:世代交替中产生性器官的世代。

配子异型:指同种植物相对应的配子不相同。

孢子异型:高等植物中孢子体产生两种不同形态的无性孢子。

孢子同型:植物孢子体产生相同的无性孢子。

宿主:被寄生者侵染的植物或动物。

菌丝:菌丝体的单个丝状体。

下胚轴:孢子体胚轴中根尖和子叶之间的部位。

子房上位:花的外层部位从子房之下生长出。

花序:花在花轴上排列的不同形式的序列。

珠被:种子植物中覆盖珠心的膜。

同配生殖:植物中通过相同配子配对结合的生殖方式。

雄性细胞:种子植物中,从花粉管输往雌配子的精细胞。

大孢子囊:仅产生大孢子的孢子囊。

大孢子:在异孢子植物中产生一个大孢子的大孢子雌配子体。

大孢子叶:仅产生大孢子囊的孢子叶。

叶肉:两个表皮层之间的叶片组织,通常含有叶绿体。

小孢子囊:仅产生小孢子的孢子囊。

小孢子:孢子异型植物中,形成雌配子体的较小的孢子。

小孢子叶孢子:仅产生小孢子囊的孢子叶。

珠孔:由珠被留下通往珠心的通道。

雌雄同株:两种性器官生长于同一植株上的植物。

菌丝体:由丝状体缠绕在一起组成的真菌的功能体。

无被花:没有花叶的花。

珠心:胚珠的主体部分。

卵子:未受精的雌配子或卵细胞。

合子:受精后产生的性孢子。

子房:被子植物中雌蕊膨大的部分,其中包含胚珠。

胚珠：种子植物的大孢子囊。

寄生：通过侵染活体植物或动物来获取养分的植物。

花被：未分化成花萼和花冠时的花叶。

花瓣：构成花冠的花叶之一。

光合作用：叶绿体在光照下，将二氧化碳和水制造成碳水化合物的过程。

雌蕊：花的中央器官，由一个或多个心皮组成。

雌花：指只含有心皮不含有雄蕊的花。

花粉：种子植物的小孢子。

花粉管：花粉粒的细胞壁萌发出来的管道，将精细胞传递到卵细胞所在的位置。

授粉：花粉从花药转移到胚珠（裸子植物）或柱头（被子植物）的过程。

离瓣：花瓣之间互不相连。

原叶体：蕨类植物的配子体。

原丝体：苔藓植物配子体的叶状体部分。

花托：被子植物中，花柄顶端膨大的部位，用以支撑花。

假根：低等植物或独立生活的配子体中生长出来的毛状结构，作为固定或吸收器官，或兼具两种功能。

腐生：植物从动植物的残骸或者代谢产物获取营养物质。

鳞片叶：没有叶绿素的叶片，通常会退化得较小。

萼片：组成花萼的花叶之一。

有性孢子：由配子结合产生的孢子。

精细胞：雄性配子。

螺旋生：指叶片或花的着生方式，任意两片不会处于相同的水平位置。经常也称为互生。

孢子囊：产生无性孢子的器官（苔藓植物除外）。

孢子：与植物体分离后用于繁殖的细胞。

子实体：一种着生无性孢子的特殊茎分枝。

孢子叶：分离产生孢子囊的叶片。

孢子体：世代交替中产生无性孢子的世代。

雄蕊：种子植物的小孢子叶。

雄花：只有雄蕊但没有心皮的花。

柱头：被子植物中心皮的部分（通常在花柱上），用以准备接收花粉。

气孔：植物表皮上调节绿色细胞组织与空气之间流通的器官。

孢子叶球：一种锥状的孢子叶簇。

花柱：从心皮上伸长出的柄状结构，上着生柱头。

共生体：进入共生状态的生物体。

共生：通常指两种不同的有机体紧密生活在一起，且处于互惠互利关系下的状态。

合瓣：指花瓣结合的花。

合生心皮：指心皮结合的花。

游动孢子：一种能够运动的无性孢子。

结合子：通过结合产生的性孢子。